工业设计专业系列教材

创新设计思维

周磊晶　编著

电子工业出版社
Publishing House of Electronics Industry
北京·BEIJING

内 容 简 介

本书系统介绍了创意与概念、技术与智造、社会与文化、审美与感官、市场与商业等理论和方法，使读者掌握如何进行创新设计，如何转化合适的科技成果并创造出新产品。它通过案例分析和访谈分享，帮助读者理解创新设计发展趋势，培养创新创业者的核心竞争力。本书注重知识讲解与应用需求相结合，精选了一些知名公司和高校的创新设计案例，并以精美的图片和视频配合文字叙述，有助于读者学习理解。为了配合教学和学习，书中设置了讨论题。

本书可以作为高等院校设计类专业课教材，也可供创新创业者参考。

未经许可，不得以任何方式复制或抄袭本书之部分或全部内容。
版权所有，侵权必究。

图书在版编目（CIP）数据

创新设计思维 / 周磊晶编著. -- 北京 : 电子工业出版社, 2025. 4. -- ISBN 978-7-121-50018-3

Ⅰ. B804.4

中国国家版本馆CIP数据核字第2025CT9023号

责任编辑：赵玉山
印　　刷：北京缤索印刷有限公司
装　　订：北京缤索印刷有限公司
出版发行：电子工业出版社
　　　　　北京市海淀区万寿路173信箱　邮编：100036
开　　本：787×1092　1/16　印张：10.75　字数：275千字
版　　次：2025年4月第1版
印　　次：2025年4月第1次印刷
定　　价：59.00元

凡所购买电子工业出版社图书有缺损问题，请向购买书店调换。若书店售缺，请与本社发行部联系，联系及邮购电话：(010) 88254888，88258888。
质量投诉请发邮件至 zlts@phei.com.cn，盗版侵权举报请发邮件至 dbqq@phei.com.cn。
本书咨询联系方式：(010) 88254556，zhaoys@phei.com.cn。

前 言

在科技飞速发展和社会不断变革的今天,设计领域正面临前所未有的挑战与机遇。了解前沿趋势,掌握创新设计思维,已成为推动变革的关键所在。创新设计思维是一种跨学科的创造性思维方式,它融合了多领域的知识与方法,是创新者不可或缺的核心竞争力。在"大众创业、万众创新"的时代背景下,创新设计教育也应运而生,成为培养未来设计领袖的重要途径。

我本人自本科至博士一直学习工业设计,先后在浙江大学、新加坡国立大学、荷兰埃因霍温理工大学、英国诺丁汉大学求学,亲身感受了不同文化背景下的创新设计教育。毕业后,我成为一名设计教师,通过总结多年的教学内容,编撰了这本书。本书旨在探索和分享创新设计方法,内容不仅适用于设计专业的学生,同时也面向所有渴望在跨学科领域追求创新的实践者。无论你是初学者还是设计从业者,本书都将为你提供宝贵的思路和工具,助你在快速变化的世界中,持续推动设计的创新与进步。

创新设计教育的趋势是跨学科、跨领域和跨文化的学习。设计师需要不断拓展自己的视野、知识和技能。本书主要从思维、用户、美学、技术、文化、商业、社会七个模块入手,旨在培养和扩展设计师的竞争力。

其中,思维模块将帮助读者理解好的设计和创意思维方法。用户模块介绍以用户为中心的设计思想和研究方法,并涵盖当下流行的新专业服务设计。美学模块则回顾现代设计风格,介绍信息可视化分类和设计方法,以及多感官体验设计和情感化设计。游戏设计作为一种新兴的工业设计细分领域也被纳入了美学模块的介绍中。技术模块介绍最新的智能材料、物联网设计、大数据设计、扩展现实设计及人工智能设计,为读者解读设计如何整合技术。文化模块挖掘中国古代设计思想,并探讨如何进行IP多元转化,以及通过设计保护和弘扬非物质文化遗产,增强大国文化自信。商业模块则介绍设计如何赋能商业价值、商业模式创新案例、商业化设计方法、设计管理及设计如何促进产业升级。最后,社会模块关注全球共同存在的问题,如贫困、资源匮乏、人口老龄化、生态环保和可持续发展,探讨设计如何激发和支持社会创新。

　　这七大模块就是本书的框架，每个模块都包含理论知识的讲解、创新设计方法的介绍和应用案例的展示。通过阅读本书，读者能够全面了解创新设计的内容和方法。与本书配套的慕课"创新设计前沿"已在中国大学 MOOC 和智慧树等平台上线，感兴趣的读者可以关注。

目　录

第1章
创新设计绪论 ·················· 001

1.1 创新设计概论 ·················· 001
- 1.1.1 工业设计的定义 ········ 002
- 1.1.2 创新设计的定义 ········ 003
- 1.1.3 创新设计的特征 ········ 003
- 1.1.4 创新设计的价值 ········ 004
- 1.1.5 创新设计的竞争力 ····· 004

1.2 创新设计教育 ·················· 004
- 1.2.1 创新设计学科 ·········· 005
- 1.2.2 创新设计课程 ·········· 006

1.3 全球专家谈创新设计教育 ······ 007

第2章
设计激发创意灵感 ············· 012

2.1 设计界的奥斯卡奖 ·············· 012
- 2.1.1 关注生活细节 ·········· 013
- 2.1.2 探索特殊材料 ·········· 014
- 2.1.3 运用巧妙结构 ·········· 015
- 2.1.4 整合创新设计 ·········· 017
- 2.1.5 关爱弱势人群 ·········· 018
- 2.1.6 关注全球趋势 ·········· 020

2.2 人机交互顶级会议 ·············· 022
- 2.2.1 研究成果 ··············· 022
- 2.2.2 研究热点 ··············· 022

2.3 国际设计周 ····················· 024
- 2.3.1 米兰设计周 ············ 024
- 2.3.2 荷兰设计周 ············ 025

2.4 头脑风暴 ······················· 026
- 2.4.1 头脑风暴原则 ·········· 027
- 2.4.2 头脑风暴流程 ·········· 027
- 2.4.3 头脑风暴技巧 ·········· 028
- 2.4.4 头脑风暴评估 ·········· 028

2.5 创意思维方法 ··················· 029
- 2.5.1 六项思考帽 ············ 029
- 2.5.2 KJ法 ··················· 030
- 2.5.3 创意思维卡片法 ········ 031
- 2.5.4 看科幻电影 ············ 031

第3章
设计满足用户需求 ············· 033

3.1 以用户为中心的设计 ············ 033
- 3.1.1 以用户为中心的重要性 ··· 034
- 3.1.2 以用户为中心的研究方法 ·· 035
- 3.1.3 以用户为中心的设计方法 ·· 038

3.2 用户体验设计 ··················· 041
- 3.2.1 概念与发展 ············ 041
- 3.2.2 用户体验十大设计原则 ··· 042

- 3.2.3 用户体验五层次 …………… 044
- 3.2.4 产品设计五层次 …………… 045
- 3.2.5 中国工业设计协会用户体验产业分会专访 …………… 046

3.3 服务设计 …………………………… 048
- 3.3.1 服务设计五大原则 …………… 048
- 3.3.2 触点设计 …………………… 049
- 3.3.3 服务设计方法 ………………… 050

3.4 数据驱动的服务设计 ………………… 052
- 3.4.1 服务设计的关键点 …………… 052
- 3.4.2 大数据服务设计案例 ………… 052
- 3.4.3 新时代新场景 ………………… 054
- 3.4.4 国际服务设计联盟专访 ……… 054

第4章

设计提升美感体验 …………… 057

4.1 设计风格 …………………………… 057
- 4.1.1 工艺美术运动和新艺术运动 … 057
- 4.1.2 现代主义设计 ………………… 058
- 4.1.3 后现代主义设计 ……………… 059

4.2 形式美感设计方法 ………………… 061
- 4.2.1 三大构成 …………………… 061
- 4.2.2 形式美法则 ………………… 062
- 4.2.3 情绪板 ……………………… 063

4.3 信息可视化 ………………………… 063
- 4.3.1 信息图 ……………………… 064
- 4.3.2 交互式信息图 ………………… 065

4.4 多感官体验设计 …………………… 066
- 4.4.1 视觉 ………………………… 067
- 4.4.2 听觉 ………………………… 067
- 4.4.3 触觉 ………………………… 068

- 4.4.4 嗅觉 ………………………… 068
- 4.4.5 味觉 ………………………… 069

4.5 情感化设计 ………………………… 070
- 4.5.1 本能层 ……………………… 070
- 4.5.2 行为层 ……………………… 071
- 4.5.3 反思层 ……………………… 071

4.6 游戏设计 …………………………… 072
- 4.6.1 游戏分类和游戏机制 ………… 072
- 4.6.2 游戏化设计 ………………… 074
- 4.6.3 腾讯游戏专访 ………………… 075

第5章

设计推动科技转化 …………… 078

5.1 智能材料 …………………………… 078
- 5.1.1 智能变色材料 ………………… 079
- 5.1.2 形状记忆材料 ………………… 080
- 5.1.3 电子信息智能材料 …………… 081
- 5.1.4 CMU 变形物质实验室专访 … 083

5.2 物联网设计 ………………………… 084
- 5.2.1 5G 生活 ……………………… 085
- 5.2.2 智能家居 …………………… 085
- 5.2.3 智慧城市 …………………… 086

5.3 Arduino 和 3D 打印 ………………… 086
- 5.3.1 Arduino ……………………… 087
- 5.3.2 3D 打印 ……………………… 088

5.4 扩展现实设计 ……………………… 090
- 5.4.1 虚拟现实（VR） …………… 090
- 5.4.2 增强现实（AR） …………… 090
- 5.4.3 混合现实（MR） …………… 091
- 5.4.4 扩展现实（XR） …………… 091

5.5 人工智能设计 ……………………… 093
　■ 5.5.1 降低设计门槛 …………………… 094
　■ 5.5.2 驱动情感化设计 ………………… 095
　■ 5.5.3 影响时尚设计 …………………… 095
5.6 科技设计提升产业升级 …………… 096
　■ 5.6.1 政策扶持 ………………………… 096
　■ 5.6.2 设计案例 ………………………… 096
　■ 5.6.3 科技设计 ………………………… 097

第 6 章
设计展现文化魅力 ……………… 098

6.1 中国古代设计思想 ………………… 098
　■ 6.1.1 考工记 …………………………… 099
　■ 6.1.2 天工开物 ………………………… 100
　■ 6.1.3 中国传统造物观 ………………… 102
6.2 IP 多元转化 ………………………… 104
　■ 6.2.1 博物馆 IP ………………………… 104
　■ 6.2.2 国货 IP …………………………… 106
6.3 非遗保护和设计 …………………… 107
　■ 6.3.1 刺绣设计 ………………………… 107
　■ 6.3.2 二十四节气设计 ………………… 108
　■ 6.3.3 新技术助力非遗传承 …………… 108
　■ 6.3.4 开物成务专访 …………………… 109
6.4 清明上河图数码艺术展专访 …… 111
　■ 6.4.1 清明上河图数码艺术展 ………… 111
　■ 6.4.2 策展人专访 ……………………… 112
6.5 文创产品设计 ……………………… 115
　■ 6.5.1 文化视觉形象的应用 …………… 115
　■ 6.5.2 产品功能的文化构成 …………… 115
　■ 6.5.3 文化元素的意象性表达 ………… 116

第 7 章
设计赋能商业价值 ……………… 119

7.1 品牌设计 …………………………… 120
　■ 7.1.1 标志设计 ………………………… 120
　■ 7.1.2 包装设计 ………………………… 122
　■ 7.1.3 广告设计 ………………………… 122
　■ 7.1.4 形象设计 ………………………… 123
7.2 商业模式创新 ……………………… 123
　■ 7.2.1 共享经济模式 …………………… 124
　■ 7.2.2 O2O 商业模式 …………………… 124
　■ 7.2.3 宜家"一体化品牌"模式 ……… 124
7.3 商业设计方法 ……………………… 126
　■ 7.3.1 SET 分析法 ……………………… 126
　■ 7.3.2 3C 分析法 ………………………… 127
　■ 7.3.3 波特五力模型 …………………… 127
　■ 7.3.4 SWOT 分析法 …………………… 128
　■ 7.3.5 产品定位图分析法 ……………… 128
　■ 7.3.6 4P 营销法 ………………………… 130
　■ 7.3.7 4C 营销法 ………………………… 131
　■ 7.3.8 商业模式画布 …………………… 131
7.4 设计管理 …………………………… 135
　■ 7.4.1 自主创新的管理模式 …………… 136
　■ 7.4.2 以人为本的管理模式 …………… 136
　■ 7.4.3 众包机制 ………………………… 137
7.5 创新管理案例 ……………………… 137
　■ 7.5.1 梦想小镇创新创业专访 ………… 137
　■ 7.5.2 创新管理专访 …………………… 140

VII

第 8 章
设计促进社会创新 ·················· 144

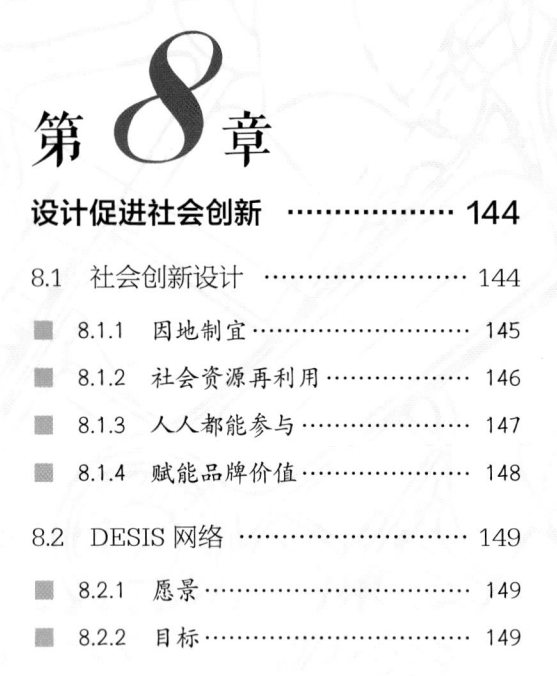

8.1　社会创新设计 ·················· 144
- 8.1.1　因地制宜 ·················· 145
- 8.1.2　社会资源再利用 ·················· 146
- 8.1.3　人人都能参与 ·················· 147
- 8.1.4　赋能品牌价值 ·················· 148

8.2　DESIS 网络 ·················· 149
- 8.2.1　愿景 ·················· 149
- 8.2.2　目标 ·················· 149
- 8.2.3　运作 ·················· 150

8.3　设计扶贫 ·················· 151
- 8.3.1　设计扶贫十大模式 ·················· 151
- 8.3.2　设计扶贫研究院专访 ·················· 153

8.4　为老龄化社会设计 ·················· 155
- 8.4.1　可持续的养老模式 ·················· 156
- 8.4.2　康养小镇 ·················· 156
- 8.4.3　关注老年人生活细节 ·················· 157

8.5　生态设计 ·················· 158
- 8.5.1　材料再设计 ·················· 158
- 8.5.2　生命周期评价 ·················· 161
- 8.5.3　生态设计小镇专访 ·················· 161

第 1 章
创新设计绪论

引言

设计思维本质上是一种以人为本的解决问题的方法。如今,设计思维不再仅限于院校,而是广泛应用于各行各业。无论是制造业、服务业、商业机构、非营利组织,还是政府部门,都希望通过引入方法论,为自己的机构带来创新和转变的动力。设计思维之所以具有如此广泛的适用性,与其中对"设计"的重新定义密不可分。设计不再仅仅是经过长期艺术训练的设计师为产品赋予造型的过程,还是为使用者解决问题,提供完整解决方案的过程。连锁超市设计更快捷的结账方式;政府部门设计更舒适的办事大厅、更简易高效的办事流程;税务部门设计更好的报税单;通过研究大数据,公共部门可以设计更有针对性和效果的政策……这些"设计"被称为"体验设计""服务设计""组织设计",甚至"政策设计",设计思维贯穿其中,为方法论的运用、深化和补充提供了根本支撑。

设计思维是一种能够帮助我们发现并解决问题的创新方法。它不仅仅适用于工作,也适用于生活。在日常生活中,我们需要共情他人、了解他们的需求,这也是学习设计思维的必要因素。因此,每个人都应该学习设计思维,以更好地应对生活中的各种挑战。

1.1 创新设计概论

创新设计已成为许多国家和知名跨国公司的重要发展战略,也成为全球发展的热点话题。本节将从五方面来讲述创新设计。

1.1.1 工业设计的定义

20世纪70年代,国际工业设计协会(International Council of Societies of Industrial Design, ICSID)对工业设计做出了定义:"一种创造性的活动,旨在根据制造业的现状和对未来的预测,为新产品和系统创造适应性,将人的需求、技术、经济和社会因素统一起来。这种活动涉及产品、系统和服务的设计,强调以用户为中心,从根本上提高他们的生活质量。"这项定义突出了用户体验、系统化设计和服务设计的重要性,更全面地表达了工业设计的意义。

随着时代的发展,工业化生产不断国际化,工业设计也面临着新的发展要求。因此,在20世纪80年代,国际工业设计协会对工业设计做出了新的定义:"在批量生产的工业产品中,通过训练对技术知识、经验和视觉的感受,赋予材料、结构、形态、色彩、表面加工和装饰以新的品质和规格的过程称为工业设计。"这个定义成为全球范围内被广泛接受的新概念,也成为工业设计界的一个经典定义。

随着时代的发展,工业设计也在不断地演化和进步。在2006年,随着网络化和智能化的生产条件的出现,国际工业设计协会对工业设计又做出了一个新的定义,强调"设计是一种创造性的活动,旨在为构成系统的物品、过程、服务和整个生命周期建立多方面的品质。"相较于以往的定义,这个新定义包含了更多的拓展和内涵,强调了工业设计的任务和目的,同时注重全球可持续发展,注重社会、个人和集体的利益与自由,以及全球化、个性化、多样化的表达形式。在美学、工学、技术和材料方面,工业设计得到了更大的拓展和外延。

随着移动互联网和物联网的迅速发展,工业设计被注入了新的内涵。当前时代的工业设计被定义为一种旨在引导创新、促进商业成功、提高公众生活质量的策略性解决问题的活动,适用于产品、系统、服务和体验的设计。它强调跨学科和跨专业的活动,并将创新、技术、商业、研究和消费者紧密联系在一起,以提供更好的产品、系统、服务、体验和商业网络机会,为人们和社会、环境等方面创造价值。在互联网、人工智能和大数据时代,设计的内涵发生了巨大变化,它不再只服务于制造业,而是要连接人、社会和环境。这个变化值得设计领域的从业者密切关注。

国际工业设计协会成立于1957年,是一个民间的非营利性组织。它对全球工业设计的发展起到了重要的推动作用。随着设计对象、环境和形式的不断变化,该组织于2015年更名为世界设计组织(World Design Organization, WDO),并进一步拓展了其使命和愿景。目前,WDO覆盖了全球40多个国家,拥有140个会员单位,代表着超过15万名工业设计师。这一更名标志着该组织的设计内涵与外延已经发生了重大变化。

1.1.2 创新设计的定义

创新设计是随着设计对象所处环境的变化而变化的。2013年，中国工程院成立了一个重要的咨询项目——创新设计发展战略研究，由路甬祥院士和潘云鹤院士组织，成员来自全国高校、组织和企业。在这个项目中，创新设计发展战略研究成员提出了设计进化的理论。这个理论将设计历史分为三个阶段：第一阶段是传统设计，也称为设计1.0，起源于农业社会，旨在满足人们与自然环境对抗的物质需求；第二阶段是现代设计，也称为设计2.0，随着工业化的发展而出现，旨在满足工业化时代的设计需求和个性化需求；而当前的知识经济时代则进入了第三阶段——创新设计，也就是设计3.0，它不仅满足了人们的物质需求和精神需求，还考虑到了生态环境的保护，追求人与自然的和谐共生，是在可持续发展背景下提出的一种新的设计概念。这表明，设计在不断地变革和进化，以适应不断变化的社会和环境需求。

设计3.0是一种新的设计概念，它的外延、内涵、形式已经发生了大的变化，随着万物互联、大数据、人工智能、云计算和云服务的兴起，其呈现出绿色低碳、网络智能、开放融合、共创共享等特征。故步自封于工业化时代的企业已经被适应了信息网络化时代的设计理念的企业所取代。例如，诺基亚曾拥有优秀的工业设计师和设计理念，但没有实现成功跨越，逐渐衰落在苹果等公司面前。相反，微软、谷歌、苹果、三星、腾讯、华为、阿里等企业因适应了从设计2.0向知识经济时代（设计3.0）的过渡，并顺应了创新发展的需求，从而快速崛起。各个公司、高校、组织都在提升自己的创新设计能力。

1.1.3 创新设计的特征

创新设计拥有多个代表性特征，其中包括以下三个重要方面：

（1）绿色低碳。这意味着产品在整个生命周期中，从生产、营销、运营服务到废弃再制造，都应最大限度地减少对环境的影响，尽可能地减少污染物及其排放，实现人类文明进步与地球生态环境的和谐、协调、可持续发展。

（2）网络智能。现今的产品制造、运营服务已与后工业时代大不相同，其能够充分利用全球的知识、技术、信息和大数据等优势资源，具有网络智能化产品的特征。产品的创新变革，使得设计师的理念、目标和方法都发生了变化，产品不再仅仅依赖于用户端的硬件，而是借助软件、云计算和云存储等技术发挥更大的作用。

（3）共创共享。如今，设计已不再是由设计师自主设计、工程师（制造者）完成制造、用户选择使用这三个独立的部分组成。相反，设计师、制造者、营销者和用户共同参与产品设计，这是一个众创的时代。因此，共创共享、合作共赢成为这个时代的特征。

1.1.4 创新设计的价值

创新设计不仅能提升制造服务品质，赢得用户信赖，还能获得市场竞争优势，为用户创造新的体验和价值。通过引入新工艺和新装备，创新设计大幅提高了产品质量，提高了生产效率，促进了产业变革，开拓了新市场，创造了新的产业业态，为产业创造了品牌和文化价值，推动了社会文明的进步，打造了更美好的未来。本书总结了创新设计的六大价值，包括满足用户需求、提升美感体验、促进科技转化、展现文化魅力、创造商业价值和促进社会创新。

1.1.5 创新设计的竞争力

创新设计的竞争力可以归纳为以下六个方面：

（1）知识技术。知识技术是创新设计竞争力的基础和核心。

（2）创新环境。创新环境是培育创新设计竞争力的沃土。开放公平的市场环境，平等自由、民主法治、多样包容的创新社会环境，是培育创意创造、创新设计的阳光雨露。

（3）体制创新。体制创新是打造创新设计竞争力的重要因素。开放合作和"政产学研用"协同创新，是凝聚并提升创新设计竞争力的有效机制。

（4）创意创造。创意创造是创新设计竞争力的关键要素。创意创造可以开拓新市场，重塑产业新格局，引领发展新方向。

（5）价值理念。价值理念是创新设计竞争力的灵魂和根基。

（6）人才发展。人才发展是创新设计竞争力的第一要素。吸引和集聚创新人才是关键。例如，深圳、杭州、北京等城市已成为最具活力的创新创业城市，其成功表明人才强则民族强、国家强。

1.2 创新设计教育

根据中国工程院相关调研显示，我国的创新设计人才培养基数较大，仅设立了工业设计专业的高校就有300多所，每年培养的工业设计专业毕业生数量为美国同期的10倍以上。路甬祥院士指出："人才是创新设计之本，青年人才是创新设计的未来和希望。创新设计人才应该具备拓宽知识基础、培育协同设计和合作共赢的能力。"他认为，设计教育的首要任务是教育、引导、确立先进的科学理念和价值观，培育创意创造和创新创业精神。在设计3.0时代，设计教育需要改革。

根据国际著名工业设计师唐纳德·诺曼（Donald Arthur Norman）[①] 所述，新时代下设计教育面临诸多问题和挑战。他在2010年发表的文章《为什么设计教育必须要改变》（Why design education must change）中指出："过去的工业设计师专注于形体与机能、材料与制造，而今日的问题则更加复杂、更具挑战性。工业设计师的工作内容包括了组织架构、社会问题、互动、服务与经验设计。许多问题涉及复杂的社会与政治议题。因此，工业设计师需要了解新时代的设计技能，如人的行为科学、实验设计、科技与商业。设计教育必须要改变！"

1.2.1 创新设计学科

关注设计教育的发展趋势，我们可以了解到设计学最前沿的知识和技能。为了获取全面的设计教育信息，涵盖课程设置、教育目标和资源，本书作者进行了一项调查。夸夸雷利·西蒙兹教育咨询公司（Quacquarelli Symonds，QS）所发表的2022年世界大学排名（QS 2022）可以帮助我们了解全球顶尖艺术与设计大学的排名。该排名基于学术声誉和雇主声誉计算而得。由于工业设计学科未被纳入QS排名，因此本书作者选择了艺术与设计学科，将其作为顶尖设计学校的指标。本调查认为工业设计相关科目包括工业设计、产品设计、设计、交互设计和创新设计工程等。

本次调查选择了50所学校，其中有8所学校没有开设工业设计相关课程，故排除在分析之外，剩余42个有效样本。在这42所学校中，31所（73.8%）拥有一个独立的设计学院，而在剩下的11所学校中，工业设计被归入了艺术学院或建筑学院。

设计领域的非学位项目呈现上升趋势。如排名第三的美国帕森设计学院设立了开放校园项目，排名第五的意大利米兰理工大学设立了开放知识平台。此外，还有许多学校提供了暑期培训或短期课程，以支持设计毕业生和社会大众的继续教育。鉴于科技和社会变化迅速，创新设计人才需要养成终身学习的习惯。

在这些设计专业中，有大概三分之一的专业还以传统的学科命名，如工业设计、设计或者产品设计。而其他专业呈现出了各种细分类别，如传达设计、交互设计、用户体验设计、设计管理、社会设计、设计与技术、服务设计、交通工具设计、商业设计、信息艺术与设计、创意产业、创意计算、设计媒体艺术、游戏设计、信息设计、交互媒体、交叉学科设计、产品服务系统设计、可持续设计、设计策略与管理、可穿戴的未来、数据可视化、创意智造、智能交通、虚拟现实、转变设计、数字技术、协作设计、情境设计、创新创业、设计科学等。这代表了工业设计在不断扩展外延，设计专业在各种细分领域开始拥有更专业、更细致的知识和技能的培养。美国加州艺术学院提供个性化的学位专业（Individualized Program），学生可以在学院

[①] 唐纳德·诺曼：美国认知心理学家、计算机工程师、工业设计师。

中随意选课，没有任何专业培养方案的限制。英国皇家艺术学院与知名企业和社会组织合作推出了定制高管教育项目，教授企业高管用设计思维和策略解决企业实际问题，如视频1.1所示。此外，一些学校开设了暑期培训班或短期课程，以支持设计类毕业生和社会大众的继续教育。

视频1.1 皇家艺术学院高管教育

总而言之，当前的创新设计教育呈现出了多元化和多样化的趋势，无论是教学主题、学制还是教学形式都在不断创新。工业设计正在从一门独立的学科转变为一种思维方式，即设计思维，并逐渐应用于更多的学科领域。

1.2.2 创新设计课程

在设计教育领域，除传统的草图、建模、渲染教学外，编程、交互和人类认知学也成为设计师必备的技能。快速制作原型和用户测试也已成为课程内容的一部分，这意味着设计师还需学习社会和行为科学、统计学和实验设计等研究方法。在教学方式方面，优秀的设计院校正在采用多样化的教学手段，如合作项目、软件技能培训、团队辩论、同行评议、技术指导、工作坊、参观和访问、设计竞赛和在线学习等。此外，学生有多种展示设计成果的形式，如产品开发文档、研究论文、同行评估报告、设计实践、展览、演讲、自我评估、海报、作品集和博客等。这些变化使得设计教育变得更加多样化和灵活。

在教学资源方面，优秀的设计院校和产业界合作紧密。设计院校不仅有来自学校的课程讲师，还有很多具有丰富实战经验的企业导师。院校学生也是多学科交叉背景，有益于学生之间组队互相学习。此外，国际上还有多个设计教育联盟和平台支持协作学习，如北欧艺术与设计教育联盟（Nordic-Baltic Network of Art and Design Education）、国际艺术、设计与媒体院校联盟（International Association of Universities and Colleges of Art，Design and Media）、社会创新与可持续设计联盟（International Network of Design for Social Innovation and Sustainability，简称DESIS）等。此外，还有欧洲设计硕士项目（Master of European Design），该项目由七所顶尖学校联合创办，学生可选择两所学校学习，感受更多教学内容，并以"欧洲设计"专业名毕业。

浙江大学是国内一流的高校，非常注重培养创新设计人才。前任校长曾提出了"大力发展工业设计、工程设计和服务设计等交叉学科"的目标。2009年，浙江大学与美国麻省理工学院合作共建新加坡科技设计大学，并创立了浙江大学国际设计研究院，参与了中国创新设计产业战略联盟的筹建，为高水平的创新设计奠定了坚实的基础。该校长表示，浙江大学将继续促进各学科间的交叉合作，包括科学研究、文化艺术等领域，并进一步支持中国创新设计产业战略联盟的发展，为大众创业、万众创新提供强有力的科技支持和人才保障。

本书旨在帮助读者培养创造性思维，了解创新设计的前沿趋势，以提升创新创业者的核心竞争力。针对这一目标，本书将多学科交叉的方法融入内容中，希望读者能够在跨学科的视野中获取灵感和思考方式，为实现创新设计的成功奠定坚实基础。

1.3 全球专家谈创新设计教育

前文介绍了新时代下设计教育的机遇和挑战,以及国际领先设计院校的发展变化。正如路甬祥院士所言:"要想彻底改变设计,先得彻底改变教育。"设计教育已经成为整个设计界的共同关注点。2018年,第二届世界工业设计大会在杭州良渚成功召开。会议汇聚了来自世界设计组织、国际服务设计联盟、欧洲设计协会等国际设计组织的代表,以及来自三十多个国家和地区的设计组织、大学、企业及设计机构、设计师。本书作者通过与这些行业领袖和专家的访谈,请他们分享其对设计趋势和设计教育未来的看法,如视频1.2、1.3所示。

视频 1.2 全球专家谈创新设计教育(上)

视频 1.3 全球专家谈创新设计教育(下)

近年来,欧洲的设计行业已经呈现出一个明显的转变趋势:从传统的产品开发转向了服务设计与开发,设计已成为企业或公共发展的战略要素。芬兰和其他欧洲国家已经率先践行了这一理念。而我很好奇,当这一趋势在中国出现时,设计师们将会做出何种应对。

——欧洲设计协会副主席 拜维依·塔克卡里奥(Paivi Tahkokallio)

随着经济环境的变化,传统的工业设计正逐步进入数字化时代。现今,设计师们不再只着眼于硬件产品的设计,而是转向了更注重服务和社会互动的产品设计。

——瑞士设计协会主席 多米尼克·斯特姆(Dominic Sturm)

在信息时代,全球变得越来越紧密。每个人都可以轻松获取各种信息,分享不受国界限制的知识和智慧,新技术和新发明也不断涌现。我认为这种学习和交流的方式非常了不起。

——蒙古工业设计协会主席 奥德巴亚·巴亚马格奈(Odbayar Bayarmagnai)

设计领域正在经历快速变革,这与社会的变化密不可分。社会、行政和环境对设计产生了一定的影响。如今的设计方式和20世纪的已经有所不同,社会需求和产品质量也在不断发生变化。我认为,设计学院应该与设计行业保持联系,特别是在早期的研究阶段,这样可以促进合作。我赞赏合作的方式。同时,让设计师接触非设计领域的事物也十分重要。我们应该深刻理解社会的特点和需求,对其做出反应,并尝试规划未来地球的发展。

设计不再是简单地关注物体的形状和外观,如今的设计师需要从更宏观的角度看待问题。他们需要理解社会变迁,接触多个领域,并思考如何解决现实生活中的问题。例如,随着日益严重的老龄化问题,设计师可以通过设计来帮助老年人解决生活中的难题。因此,我认为设计的内容不仅仅是物体,更反映了社会变迁和人类需求的创新。

——新加坡国立大学工业设计系主任 克里斯蒂安·布沙朗(Christian Boucharenc)

作为服务于全球设计师的平台,世界设计组织最重要的使命之一是将教育融入我们的项目中。我们的项目涵盖世界设计之城、世界设计影响力奖、世界设计对话和互联设计等。通过这些项目，我们向全球传递关于国际设计潮流的信息，让参与者了解世界各地正在发生的事情。我们欢迎来自不同设计领域的人士加入我们的项目。例如，世界工业设计日就是一个很好的交流平台，我们鼓励所有人，无论是否是世界设计组织成员，一起庆祝并分享自己的设计心得。我们将这些交流成果展示在世界设计组织的官方网站上，让更多人了解世界各地在工业设计领域的不同实践。

教育问题是世界面临的共同挑战之一。在设计中，文化感知是非常重要的。如果设计师从美国文化的角度设计中国产品或从中国文化的角度设计美国产品，这将是一场灾难。因此，将文化体验融入设计教育至关重要。全球各地大学之间的合作可以促进来自不同国家的学生和教授之间的交流。这样，设计师们不仅可以学习如何设计，还可以学会如何与全球不同的文化对接。在当今国家之间的边界逐渐模糊的时代，这种做法将使他们更好地适应这个世界。因此，将文化体验融入设计教育的实践非常可取。全球许多大学正在与来自不同文化的大学合作，以践行这一做法。

——世界设计组织当选主席 史里尼·斯里尼瓦桑（Srini R Srinivasan）

当前形势下，英国工业设计协会非常注重对下一代设计师的培养。作为工业设计界的专业代表，我们认为设计正不断地变化和发展，需要考虑许多因素，如环境和生态的平衡，这也是本次会议的主题。我们重视人工智能、数字产品和服务等领域。我们非常高兴能在全球性的平台上与各位交流，听取大家对共同关注的话题的看法。但作为一个英国工业设计师组织，我们更关注这个领域的创新、发展和未来设计行业的发展，包括未来设计师的关键角色。我们需要明确作为一个会员制协会，我们如何能够推动行业的发展。因此，和教育界、学界及年轻人进行交流对我们来说十分重要。

我认为我在帝国理工大学的工作很有发展潜力。我们的大学有一个新兴的学院和一个全新的专业，将设计、工程和创业结合在一起。如今，有很多人在谈论与设计有关的创新和创业，我们的工程系在其中享有全球声誉。加入设计后，这个专业可以将创造性思维融入计算机工程、机械工程或土木工程等各个领域中，为世界展示将创意思维与工程教育结合起来的典型案例。我们认为创意思维和工程技术的结合非常重要。创意思维是人工智能和机器人在未来几年所无法达到的。因此，在未来的20～30年中，将创造性思维与先进科技相结合将非常重要。作为设计行业的教育者，我们非常希望能够发掘更多的可能性。

——英国工业设计协会董事 斯蒂芬·格林（Stephen Green）

这些年来，设计领域发生了翻天覆地的变化。丹麦以各种美观的家居装饰品起步，如今正向着环保方向发展。现如今，设计师不再仅仅设计椅子，而是设计复杂的系统、服务甚至城市，因此设计已经渗透到社会的各个领域。

在我和学生们一起开研讨会时，我发现设计不仅仅是学习过程，也是大学研究内容的一部分。在中国，设计有由生产、技术、创新和市场驱动的"硬"的一面，但同时也有"软"的一面，即文化。文化是设计的基础，情感表达和历史叙述也同样重要。因此，我想强调的是，要想培养出优秀的设计专业学生，需要将"软"和"硬"相结合。当设计师具备了所有的硬件条件和软性条件时，还需注重两者的结合才能做出杰出的设计。

——丹麦设计协会国际事务主席 特勒尔斯·萨德法登（Troels Seidenfaden）

年轻人有时缺乏与现实建立联系的能力，这可能成为中国设计的关键挑战。因此，我们需要重新学习这一技能，以便未来在全球设计系统中扮演重要角色。

——意大利工业设计协会代表 大卫·康迪（Davide Conti）

技能一直处于不断变化之中。我们已经认识到，随着技术的不断进步，人们需要掌握更多的技能才能应对生活中出现的新挑战。在市场化的设计中，制造比重逐渐减少，而服务比重逐渐增加。这对设计师的教学提出了新的目标和一系列新的特定技能要求。从这个角度来看，我相信设计师的职责不仅在于应用这些学科知识，更在于教育学生如何以这种方式进行设计、面向未来、依靠技术。因此，技术在设计师的教学过程中扮演着非常重要的角色。

——米兰理工大学设计学院综合主任 马特奥·因加拉莫（Matteo O. Ingaramo）

我们为学生提供了一个办公室，帮助他们获得公司的实践机会。这个宝贵的项目机会在欧洲学生中非常受欢迎。此外，米兰理工大学与意大利工业设计协会合作，为学生提供在设计工作室工作的机会。意大利对国际学生持开放态度。

——米兰理工大学设计学院材料设计文化研究中心负责人 玛利亚·费拉拉（Marinella Ferrara）

设计和设计教育正处于不断变化的进程中。三十年前，设计行业主要关注商品外观，如包装等。而如今，设计面临更加复杂的挑战，需要与其他学科进行交叉，如工程学、社会学和经济学等。在这些交叉学科中，设计作为中介，缩小了与其他学科之间的鸿沟。同时，设计学术的整合也成为工业设计的核心。

——埃因霍温理工大学工业设计学院院长 阿诺特·博洛姆巴彻（Aarnout Brombacher）

我认为，设计行业的变化速度非常快，与我从事设计行业之初的情况相比，这一点变得更加明显。由于技术的迅猛发展，我的现有技能有时难以跟上变化的脚步。因此，我会在我们的设计公司中采用刚毕业的新设计师使用的技巧，我们非常依赖新人，因为他们掌握了最新的技能，如原型设计和计算机技能。

——致翔创新设计公司创新与项目管理资深设计师 科尔特·韦尔霍夫（Coert Verhoeve）

我认为未来的设计教育将不仅仅注重产品设计的目标，还将注重整个设计过程，特别是涉及来自不同国家的设计。

——约阿内高等专业学院产品设计学院院长迈克尔·兰兹（Michael Lanz）

我认为未来的设计教育将会面临三个重要变化。首先，随着设计侧重点的转移，工业设计也将发生改变。以往，设计师主要关注物质产品的大量制造，但未来的设计师需要关注服务设计和系统设计领域的发展，因此需要更多地理解和应用复杂系统的知识。其次，设计教育也需要跟随这些变化，教授学生如何管理和理解复杂系统。但是，当前很多工业设计的教学大纲并没有涵盖这些内容。最后，未来的设计教育需要更多地关注跨文化设计，因为越来越多的设计师来自不同的国家和文化背景。

我认为，未来设计教育的第二个变化是，人工智能和大数据等快速变化的技术将从根本上改变一切。我们的学生将来可能从事各种尚未涌现的职业，因此我们需要让他们具备这些可能用到的技能，尽管这些技能可能很具有挑战性。我们需要教导学生具备终身学习的能力和创造力，以适应时代变化和潮流。面对未来的变化，我们没有答案。因此，教育者必须确保学生做好应对这些变化的准备。

最后一个因素是新兴技术，包括人工智能、智能材料、3D打印和微电子设备等。这些技术不仅改变了设计方式，改变了我们与事物的联系，还从根本上改变了我们的生活方式。设计师将利用这些技术设计出我们无法想象的新鲜事物，而未来的学生们也将使用我们从未使用过的工具和技术来从事不同的工作。因此，我认为这些新兴技术将是驱动设计专业教育发展的第三个因素。

——昆士兰理工大学工业设计研究协调员 拉费尔·高梅兹（Rafael Gomez）

在皇家墨尔本理工大学，我们致力于培养来自世界各地的设计学生，并将知识与实践相结合，注重产学研合作。我们的目标是培养出具有创新精神和实践能力的毕业生，能够在工业领域中运用设计知识和技能，引领最新潮流。

——皇家墨尔本理工大学设计学院高级讲师 斯科特 梅森（Scott Mayson）

我们注重培养设计思维，与商学院和设计学院的教育不同。设计具有独特的特点，需要培养人们的创新和创造能力。我相信，设计将成为未来一个重要的核心领域，并与工程、商业等学科融合。我们的目标不仅是培养学生纯粹的设计技能，更是培养拥有设计思维的学生。我认为这是未来设计教育的发展方向。

——香港理工大学设计学院副院长 马志辉（Henry Ma）

我认为设计教育是一个兼具挑战性和复杂性的领域，不仅需要学生具备艺术素养和创造力，还要考虑他们的文化背景、对艺术的思考和他们的设计意图。因此，设计师需要了解他们的设计对受众的生活以及环境带来的影响。在建筑行业，理解"规模"是至关重要的，因为设计往往始于小规模，但最终呈现的是大规模的成果。因此，学习如何应对规模的挑战是设计教育中的重点之一，而这需要我们注重培养学生的综合素质。

——惠灵顿维多利亚大学代理副校长 马傲林（Marc Aurel Schnabel）

20世纪50年代的设计师只注重机器外形的改善，而现在的设计师则思考社会、家庭、教育、交通等方面的组织方式。设计不再局限于物体本身，还包括设计过程。现代设计需要设计师考虑多个层面，如如何接待银行客户、如何组织交通方式等。设计师不再只注重小型物体的设计，而需要从宏观角度看待问题，理解城市的运转机制。

当我们创立数字媒体学院时，数字技术成了我们教学的核心。我们相信，教育应该使年轻人为应对未来做好准备，特别是在设计领域。我们希望学生能够跟上快速发展的工业和科技的步伐。因此，斯巴顿大学认为高效的教育需要与工业企业合作培养人才。在曼谷，我们已经取得了显著的进展。我们也在尝试跨越国界，参加会议是为了探寻设计教育的未来，并为我们的学生提供全球化的机会。

——泰国斯巴顿大学数字媒体学院院长 卡孟·吉拉彭（Kamon Jirapong）

我是学工程的，曾经认为工程学与许多领域有关，如建筑、机械等。但接触了工业设计后，我意识到设计才是一个包罗万象的领域。设计不仅仅与工程、建筑或生产有关，更与流程和解决问题本身息息相关。因此，下一代教育需要学习设计的思维和理念。我们需要将设计理念融入不同学科中，这是一个很大的挑战，也是未来行业的发展方向。我们应该形成多学科体系的课程，将设计融入各个学科中，通过不同的设计课程来帮助学生形成工业设计的思维模式，以便解决各种各样的问题。

——泰国斯巴顿大学工程学院院长 康莱西斯·艾姆沃莱伍西科（Chonlathis Eiamworawutthikul）

设计教育的重要性不仅局限于单个国家，而且对全球都有重要意义。没有设计，就没有进步。在这次大会的展览中，我注意到人们正在将新的技术和理念有效地应用到日常生活中，这再次证明了设计在全球范围内的重要性。

——缅甸曼德勒大学副校长 明祖闵（Myin Zu Minn）

每所高校都需要有相应的设计教育目标。

——仰光计算机研究大学信息科学系主任 南·桑·穆恩·坎（Nang Saing Moon Kham）

长久以来，很多非洲国家的人们都将设计视为理所当然的事情，而不是特别宝贵的事物。但设计却是解决很多问题的重要手段。因此，有关设计的教育就显得十分关键。我们的课程体系设置中非常重要的一点就是要让我们的国家将设计视为教育的重要组成部分，以便更好地应对未来的挑战。

我们的目标是培养未来的创新者和开拓者，因此我们非常注重设计教育，而不仅限于传统商科和法律专业。我们将设计与工程、城市规划等多个学科结合起来，以寻求更快速、更完善的解决方案。

我们的目标是培养能够用非洲方式解决问题的设计师。为此，我们与许多机构合作，包括非政府组织，这些机构跨越健康、医疗、教育、水资源提供、住房资源提供等多个领域。我们的学生参与这些项目，与各机构合作解决实际问题。因此，我们努力将教学与研究及实际问题相结合，这是开普敦大学未来的发展方向。

——开普敦大学商学院首席顾问 布勒瓦·恩吉瓦娜（Bulelwa Ngewana）

第2章
设计激发创意灵感

引言

生活中有许多产品蕴含着创新的灵感,但人们往往没有留心观察和思考。设计师能够将这些灵感和新的概念结合起来,创造出全新的产品形态。许多创意设计都源于日常生活中人们熟悉的物品,但往往被人们"视而不见"或"习以为常",错过了许多创造的机会。然而,一旦有人将这些想法转化为新的形态和功能,就会有人"恍然大悟",同时也会有人感到"错失良机"。但无论如何,新的创意设计总是能够引起共鸣并得到认可,因为它们来自人们熟知的东西,同时也是"意想不到"和"意料之外"的。

优秀的产品设计往往源于出色的创意。创意的终极目标是打破固有的限制,为新的游戏规则和问题寻找全新的解决方案。

2.1 设计界的奥斯卡奖

参加概念设计竞赛是一种非常有利于设计学子提升创造力的学习方式。在本节中,我们将重点介绍全球三个具有"设计界的奥斯卡奖"之称的概念设计竞赛奖项:红点奖、IF设计奖(International Forum Design Award,简称IF奖)和美国工业设计优秀奖(International Design Excellence Awards,简称IDEA)。在这些竞赛中,红点奖和IF奖都起源于20世纪50年代的德国,而 IDEA 则是由美国工业设计协会在 1980 年设立的，其评委来自该协会。

了解全球顶尖的概念设计竞赛有助于认识优秀创意的标准。红点奖和 IF 设计奖的评审标准主要考虑创新程度、美感质量、实现可能性、功能性、情感成分和社会影响。而 IDEA 虽未公开评奖标准，但同样关注概念的创新性、美感、功能、市场定位和社会责任感。这三个奖项强调创意的创新性、美感、功能和社会价值。业界认为符合这些标准的设计才是好的概念设计。

好的概念设计必须具备创新性，而创新性可以从多个角度来考虑。例如，改善生活中的设计缺陷、采用特殊材料、设计巧妙的结构、整合多个设计元素、关注弱势群体的需求、紧跟全球设计趋势等。这些创新角度有助于提高概念设计的质量和水平。

2.1.1 关注生活细节

设计师需要具备细致入微的观察力和批判性思维，以发现并改进生活中熟悉产品的缺点。由于大部分人对于生活中的细节感到司空见惯，设计师需要以挑剔的眼光重新审视这些产品。

例如，人们经常使用的数据线的金属接触头部分需要防尘，但是防尘套又容易丢失。一款获 IF 奖的作品，巧妙地使用了类似弹簧的结构，给数据线加上了防尘套，同时不影响使用，如图 2.1 所示。又比如，很多人在使用雨伞时会把包勾在伞柄上，方便又自然。一款红点奖获奖作品利用了这一下意识行为，对伞柄进行再设计，当雨伞收起来的时候还能够勾住包。这些小小的改变，解决了生活中的实际需求，如图 2.2 所示。

日本著名设计师佐藤大（Oki Sato）曾说过，设计的最高境界是让人们看到"明明就应该在那里，为什么没有出现"的产品，让用户感到自然和安心。好的设计能够满足用户的需求，让人感到相见恨晚。例如，在奶瓶设计中，设计师发现妈妈在喂奶时不方便查看奶瓶刻度，创新设计了一个倾斜状态下也能方便读刻度的奶瓶，如图 2.3 所示。再比如，一款衣架通过卡接结构，让一个衣架可以同时挂两件衣服，实现了空间和材料的节省，如图 2.4 所示。生活中的细节可以成为设计师创意的源泉，设计师需要通过细致的观察和勤奋的反思，创造出独特且简约的物品设计。

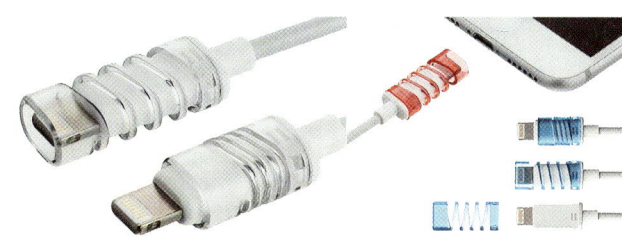

图 2.1　防尘数据线

图 2.2　伞柄再设计

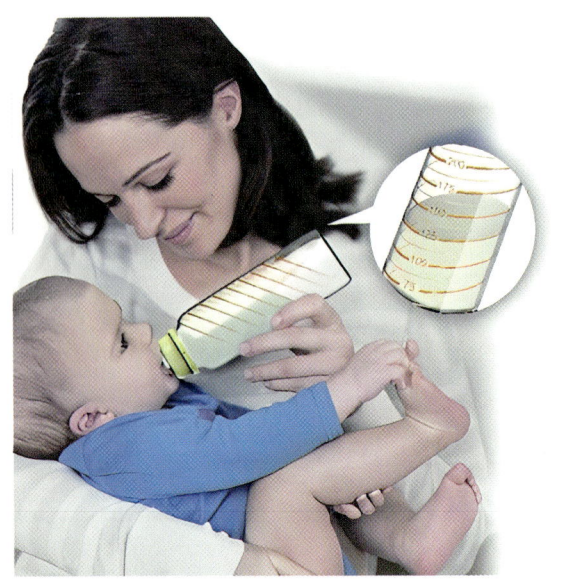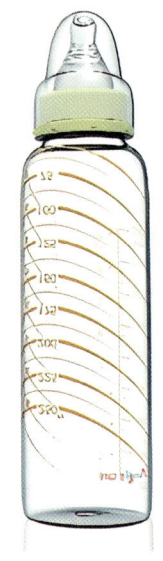

图 2.3 奶瓶再设计

图 2.4 衣架再设计

2.1.2 探索特殊材料

设计师可以挖掘特殊材料，为其寻找应用场景。例如，设计师通过添加特殊矿物质和控制不同的加热温度，创作出吸水性能不同的陶瓷花盆。这款花盆可以自动调节吸水程度，满足不同植物的生长需要。这样的创新设计充分利用了材料的特性，为用户提供了更加智能化和便利的使用体验，如图 2.5 所示。

图 2.5 陶瓷花盆

设计师可以进一步探索其他材料的应用。例如，利用会根据环境温度、湿度而变形的材料，记忆材料，复合材料，以及利用虹吸、浮力、电磁感应等物理现象来进行产品设计。通过对材料的深入理解和创新的应用，可以为用户带来更多的便利和惊喜。

2.1.3 运用巧妙结构

设计师可以运用巧妙结构来创造新的产品体验。例如，一款折叠地毯采用了折纸结构，能够快速转变为各种玩具的收纳工具，同时为宝宝提供了玩耍的场所，如图 2.6 所示。一款手表利用特殊结构，使表盘始终面向人的眼睛，使用户可以方便地看时间，如图 2.7 所示。在公共设施的设计中，通过一个巧妙的旋转结构，公共座椅和跷跷板可以灵活切换，从而充分发挥结构的功能，如图 2.8 所示。

图 2.6 折叠地毯

图 2.7 特殊结构的手表

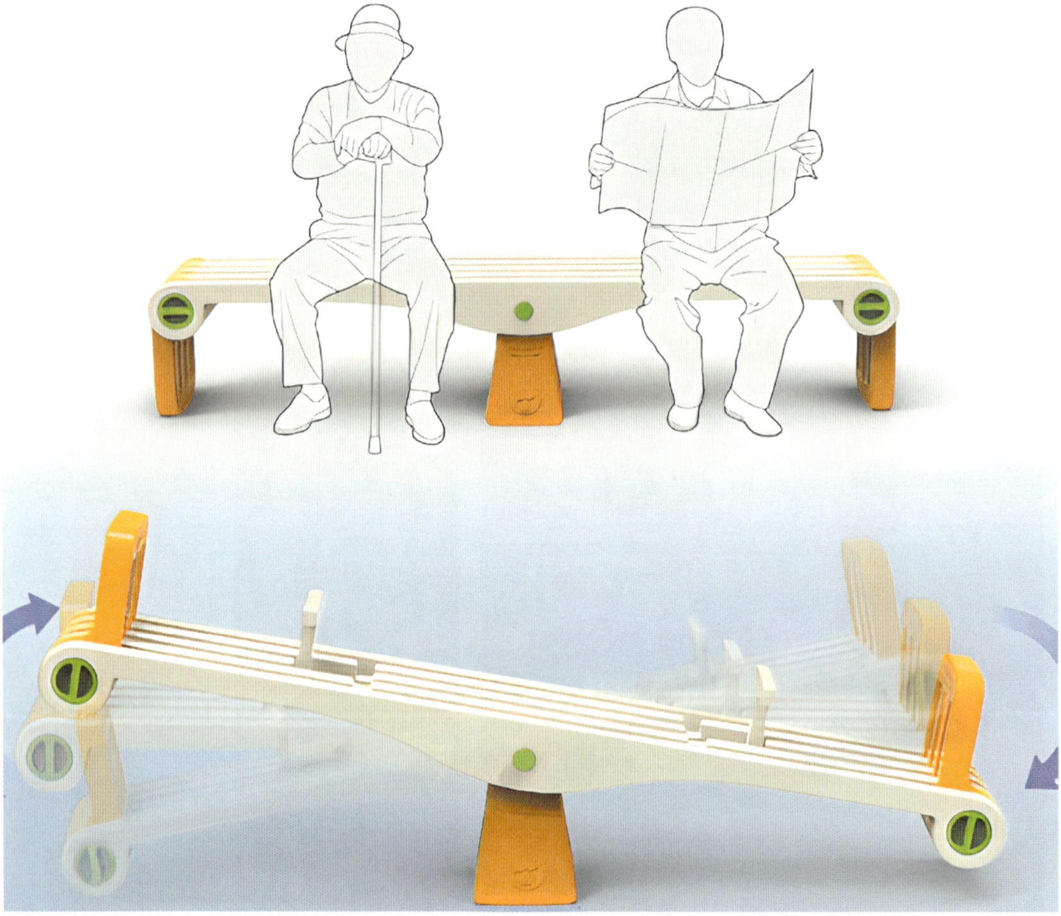

图 2.8 公共座椅和跷跷板

这些获奖作品为设计师提供了启示，鼓励他们在产品设计中探索拼接、折叠、互补、伸缩、旋转等各种结构，以达到省空间、省力气、省材料的目的。

2.1.4 整合创新设计

一些获奖作品整合设计，创造出 1+1>2 的效果。比如，一款行李箱整合了挂烫机功能，将两种看似无关的物品巧妙地结合起来，实现了出差旅行时的多重需求，如图 2.9 所示。还有一款无人机和救生圈的整合设计，能够在海上救援时实现精准定位和快速投递救生圈，具有重要的实际应用价值，如图 2.10 所示。这些作品的整合设计，既节省了空间，又实现了多种功能，为产品设计提供了有益的启示。

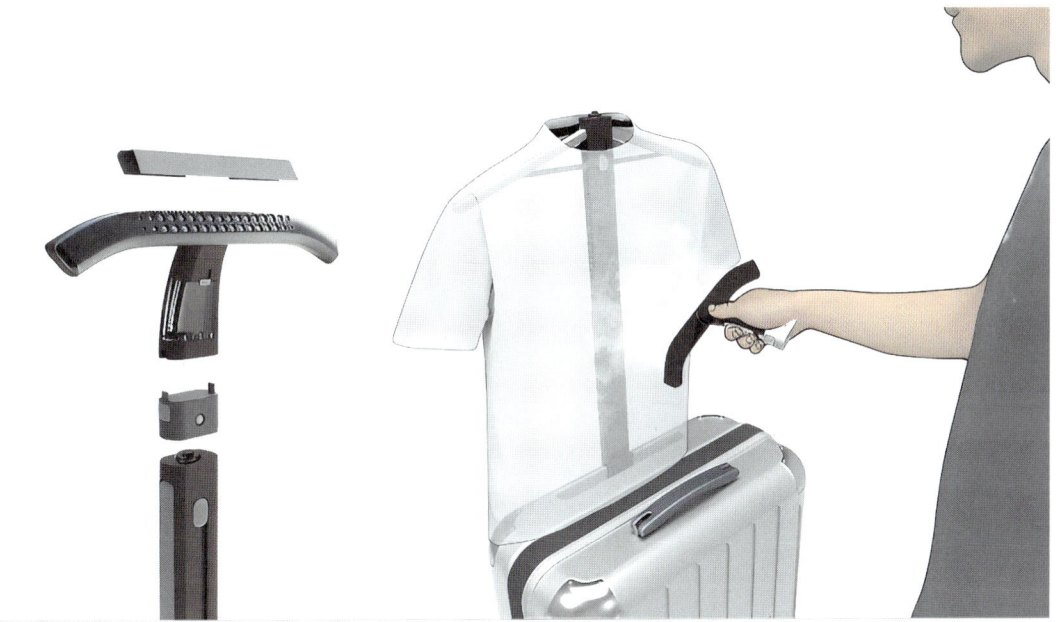

图 2.9　整合行李箱

图 2.10　无人机与救生圈

在信息时代，将虚拟信息和现实产品结合的设计能够带来创新。很多物品同时存在于虚拟和现实世界，如药盒和提醒吃药的 App 的结合，如图 2.11 所示。关于日历、笔记本、照相机等的整合设计，可以通过将虚拟信息和实体产品融合，实现更优的创意解决方案。

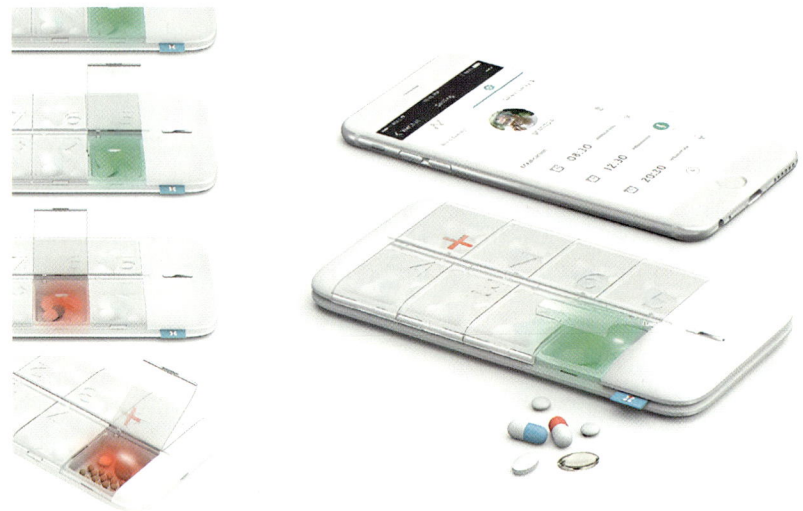

图 2.11　智能药盒

2.1.5　关爱弱势人群

为了更好地关爱弱势人群，设计师需要拥有强烈的社会责任感。弱势人群涵盖了儿童、老人、残疾人和贫困者等，他们需要特别的照顾和关注。通过使用无障碍设计的思维方式，设计师可以思考如何解决弱势人群所面临的各种困难。

一些产品是专门为儿童设计的，如带吊绳的开关和形状圆润、色彩鲜艳的马桶，如图 2.12、图 2.13 所示。另外，还有专为盲人设计的燃气灶按钮，通过突起的表面反映燃气灶的火力大小，触感舒适、细致贴心，如图 2.14 所示。通过关注弱势群体的生理和心理需求，好的产品设计可以提高他们的生活质量，让他们的生活更加便利和舒适。

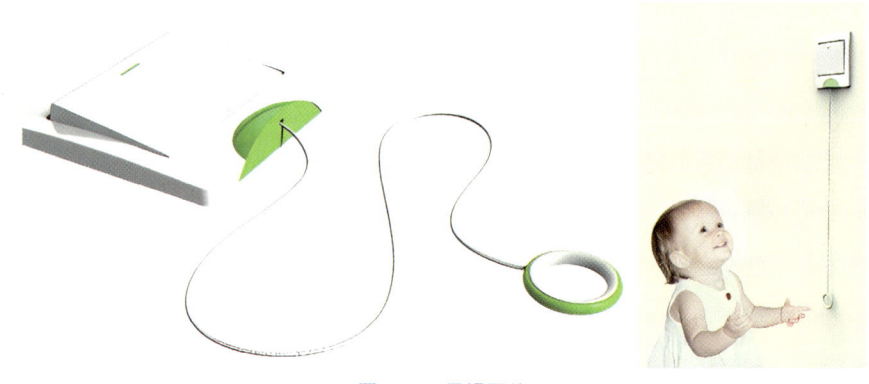

图 2.12　吊绳开关

图 2.13 儿童马桶

图 2.14 盲人燃气灶按钮

—019—

2.1.6 关注全球趋势

健康、环保、可持续发展,是全球共同的设计趋势。作为设计师,我们需要关注"联合国可持续发展目标",如图 2.15 所示。这包括 17 个可持续发展目标,旨在实现更美好和更可持续的未来。这些目标反映了当前面临的全球挑战。我们需要从这些角度出发,提出创新解决方案,以履行我们身为设计师的历史使命。

图 2.15　联合国可持续发展目标

在全球化设计的领域,存在许多为解决地域性问题而设计的产品。例如,非洲人民设计了一种雨水收集装置,以解决水资源短缺的问题,如图 2.16 所示;为干旱地区设计的绿植栽培产品,可以改善荒漠城市的环境,如图 2.17 所示;为医疗条件落后的地区设计的妊娠工具包,为当地孕妇提供了妊娠和胎教的知识,如图 2.18 所示。这些产品的设计具有地域性和适应性,能够为当地的人们带来切实的改善和帮助。

图 2.16　雨水收集装置

图 2.17 为干旱地区设计的绿植栽培产品

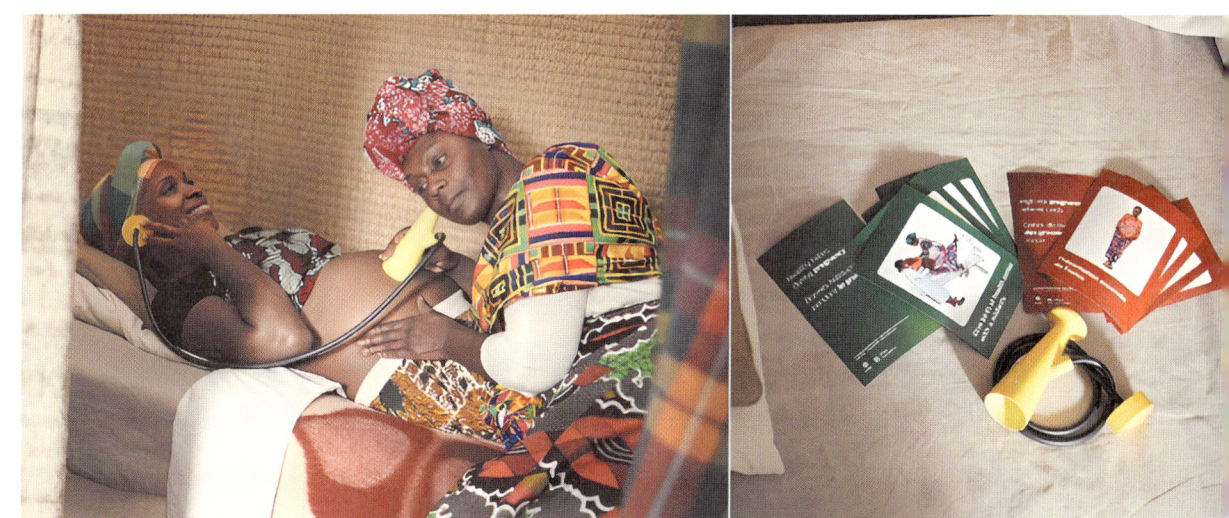

图 2.18 妊娠工具包

提升创意思维能力需要长期的积累和培养，设计师需要不断阅读优秀的设计作品，细致观察生活，并不断反思、总结和归纳。这些灵感的积累，会在某个时刻忽然相互连接，从而产生一个个富有创意的想法。

讨论题

举例说明一个你觉得好的设计，并从创新性、美感、功能性、社会价值四个维度阐述为什么这是好的设计。

2.2 人机交互顶级会议

前文分析了设计界的奥斯卡奖对好概念的评价标准，本节将介绍科学家认可的好创意和概念。CHI 是人机交互领域的国际顶级会议，每年来自全球的数千名学术界和工业界的研究人员齐聚一堂，分享各自的研究成果，探讨各种交互技术的发展方向。

2.2.1 研究成果

CHI 官网定期发布最新的人机交互领域科技研究成果，其中包括许多令人惊叹的创意和概念，如视频 2.1 所示。

视频 2.1 CHI 发布的研究成果

例如，通过 VR 结合物理道具营造真实的攀岩体验，帮助攀岩者克服坠落的恐惧；用磁性橡胶片和导电材料，快速制作触控设备；用概念图提升学习效率；用眼神注视作为信息输入方式，辅助编程；用激光切割机制作可拉伸的电路；用多模态交互的创作工具，帮助盲人理解界面布局；拓展拇指操作范围，帮助用户单手玩大屏手机。新型 3D 打印机可以打印类似羊毛毡的塑料纤维；AR 增强的设计工具可以帮助用户整理便签上的笔记；数字绘画系统可以实时合成连续的纹理；演讲者可以通过手势和身体讲故事；不受电路板束缚的可穿戴电子设备，柔软、弹性、有美感；人工智能鼓手可以分析出音乐家情绪，通过表情传递信心；新技术可以在皮肤上嵌入形状记忆合金；无线耳机可以帮助用户在 VR 中行走；用户可以用手势和表情与信息进行交互。

作为人机交互领域的国际顶级会议，CHI 的研究范围广泛且不断更新。而随着科技的不断进步，CHI 的研究内容也在不断拓展和更新。为了把握前沿趋势，设计师需要密切关注每年最新发表的论文。

2.2.2 研究热点

作者梳理了 CHI 官方视频合集和六百余篇论文，提炼出了一些研究热点。

汽车设计，特别是无人驾驶汽车设计。游戏化的用户体验设计，如使用实体积木拼搭，触发数字内容的变化，可以让故事讲述更加具有交互性和趣味性，如视频 2.2 所示。保护隐私和敏感信息设计，如德国团队设计了各种界面，以防止用户在输入密码时被偷窥，如视频 2.3 所示。数字化制造和感官界面设计，如来自英国和新西

视频 2.2 实体积木拼搭　　视频 2.3 防偷窥界面设计

兰的设计团队不约而同地想到使用眼动仪作为输入设备，使用户能够用眼神注视来辅助打字或编程，如视频 2.4 和 2.5 所示。无障碍设计，如迪士尼公司为全世界打造了许多梦幻主题公园，其中烟火表演是游客最难忘的美好回忆之一。对于视力残障人士来说，触觉互动系统可以让他们也能感受到烟火的美妙绽放，如视频 2.6 所示。

在教育技术方面，康奈尔大学的学者利用 3D 打印和增强现实技术设计了互动式教具，如视频 2.7 所示；奥克兰大学的学者设计了一个口腔输入设备，用户可以通过咀嚼实现数字信息交互，该设备具有广泛的应用场景，如视频 2.8 所示。在设计工具方面，哈索·普拉特纳设计学院的研究者开发了一套快速数字化建模的设计软件，支持激光切割和后期拼接，可以生成实物模型，如视频 2.9 所示。在数据可视化方面，美国的一支研究团队进行了一项实验，比较用户采用不同数据可视化形式认知数据的准确性，结果发现卷曲条形图能让用户更准确地理解数据，如视频 2.10 所示。在直播领域，一篇荣获最佳论文奖（Best Paper）的研究调查了中国非物质文化遗产传承人如何利用直播平台传播和销售他们的设计，如视频 2.11 所示。

视频 2.4 用眼神注视打字　　视频 2.5 用眼神注视编程

视频 2.6 触摸体验烟花　　视频 2.7 3D 打印教具

视频 2.8 口腔输入设备　　视频 2.9 数字化建模

视频 2.10 数据可视化　　视频 2.11 非遗直播

2019 年，CHI（人机交互国际会议）颁发了两个奖项：金鼠标奖（Golden Mouse Award）和最佳展示奖（Best Showcase）。金鼠标奖由麻省理工学院（MIT）的媒体实验室（Media Lab）和帕森设计学院（Parsons）的研究者获得，他们研究了将植物作为交互媒介的无限可能性，如视频 2.12 所示。最佳展示奖则更多地从视觉表现上认可了研究者对作品的诠释，如视频 2.13 所示。他们将废弃的空瓶子转化为动态的艺术作品，其展示视频的故事情节设计和画面处理都很有电影的质感。

视频 2.12 植物交互　　视频 2.13 CHI 最佳展示奖

CHI 是一个集结了许多世界知名学府和科技公司的设计师和学者的会议，包括经典教材的作者，来自麻省理工学院、斯坦福、卡内基梅隆等名校的学者以及谷歌、苹果等科技公司的从业者。这个前沿而多元的会议，为从事人机交互研究的设计师们提供了许多启示和灵感。

2.3 国际设计周

展览是将设计呈现给大众最好的方式。在展览中,人们可以近距离欣赏、操作和体验产品。幸运的话,还可以遇到产品设计师,与设计师交流设计理念,了解产品背后的故事。

国际设计周是世界上具有代表性的设计展览,包括米兰设计周、荷兰设计周和近年崭露头角的迪拜设计周等。国内较为知名的设计周有北京设计周和上海设计周等。设计周通常持续一周,在这段时间,整个城市都充满了设计的氛围。除了核心展区,许多小店也会为设计师提供展示空间。此外,设计周还会举办各种活动、讲座、讲习班和讨论会。设计周不仅是一个展览,更是一个设计交流的平台,为设计师们提供了一个分享设计理念、交流经验的机会。

2.3.1 米兰设计周

米兰设计周自1961年创办以来,一直汇聚了全球顶尖的设计理念和成果。作为世界上最大的室内装饰行业展会,米兰设计周吸引了全球的家居、建筑、服装、配饰和灯具等设计专业人士,成为每年一度的"设计圣地"。

米兰设计周吸引了许多曾在设计书籍上出现过的大师,如视频2.14所示。其中,法国设计师飞利浦·斯塔克(Philippe Starck)[①] 与欧特克公司(AutoDesk)[②] 联手,在米兰设计周推出了世界上第一款采用人工智能设计的椅子"A.I"。该椅子的结构由软件生成的算法构建,以最少的材料制作而成,既舒适又牢固。这一设计大胆探索了人工智能如何改变产品设计和生产方式。汤姆·迪克森(Tom Dixon)[③] 也是米兰设计周的常客。他的展厅既是展览空间又是餐厅,所有家具和室内设计都由他一手操刀完成,呈现出三个不同风格的展厅。许多设计专业学生将《设计中的设计》视为设计思维启蒙教材,该书作者原研哉(Kenya Hara)[④] 在米兰设计周上展出了一款会自动产生泡沫的浴缸,延续了日本的极简风格。另一位日本知名设计师佐藤大,是黏土(Nendo)工作室的创始人,七次参展米兰设计周,每一次都能带来惊喜的设计。佐藤大的展览设计风格独特,能在欧洲古宅和灯火幽幽的场景中展示出美到极致的极简产品。

视频2.14 米兰设计周

米兰设计周不仅展示了最新的品牌资讯和创意设计,还可以让大众深刻感受到最前沿的设计趋势。

---

① 飞利浦·斯塔克:世界著名设计师,法国巴黎人。
② 欧特克公司:世界领先的设计软件和数字内容创建公司。
③ 汤姆·迪克森:英国知名设计大师。
④ 原研哉:国际平面设计大师、日本设计中心的代表,无印良品(MUJI)艺术总监。

2.3.2 荷兰设计周

荷兰设计周是欧洲三大设计展之一，每年10月在埃因霍温市举行，是北欧最大的设计活动。相比其他设计周，它更关注未来，强调实验、创新和跨界。它所传达的"荷兰设计"不只是一个地区的设计师族群的标签，更是一种态度和精神，反映着荷兰文化和荷兰人的性格。荷兰设计周在官网中阐述："荷兰设计始于解决问题，注重功能性、人性化、自由思考、幽默、审视角度、专注、跨越阶级障碍和非常规。荷兰设计欢迎各种利益方参与解决问题和提出创意，是一种态度而非国界。"

1. 设计院校毕业展

在每年的荷兰设计周上，最受瞩目、参观人数最多的展览是由埃因霍温设计学院和埃因霍温理工大学合办的毕业展览，如视频2.15所示。

视频2.15 荷兰毕业设计展

埃因霍温设计学院是一所专注于设计的艺术学院，一直关注社会人文，重视思考研究和动手实践的平衡。例如，学校的食品设计专业毕业生在荷兰设计周上策划了"食品大使馆"，探讨了人类可能面临的资源枯竭和粮食短缺的问题，从粮食种植、加工和用餐方面提出了新的解决方案。这些解决方案包括耐盐的胡萝卜和西红柿，可有效应对全球淡水资源短缺的问题。还有用昆虫蛋白合成的无肉香肠、用植物材料合成的概念鱼肉，以及通过3D打印技术打印出来的小吃等新型食品，如图2.19所示。

图2.19 概念鱼肉和3D打印小吃

位于荷兰埃因霍温市的另一所学校是埃因霍温理工大学。该学校的工业设计专业旨在培养学生对未来生活的愿景，并探索工业设计如何改变人们的生活。学生们的毕业设计致力于探索创新的智能系统，以及整合新技术、社会发展趋势、用户需求和商业模型等方面。值得一提的是，大部分项目都和企业建立了良好的合作关系。

2. 荷兰设计周案例

埃因霍温因其与飞利浦（Philips）的关系而被称为"光之城（City of Light）"，整个城市都建立在飞利浦的基础上。荷兰设计师非常喜欢与光有关的设计，如视频2.16所示。例如，可随意弯曲的塑料丝光纤、模

视频2.16 荷兰灯光设计

拟光线的灯具、手势控制的灯和优雅的蒲公英灯。在蒲公英灯的设计中，每根触须都从蒲公英花中采集，并手工粘贴到灯体上。吹灯时，触须会飘动，仿佛随时准备散开，如图2.20所示。设计师的理念令人感动：科技是设计的未来，但人们不应忘记自然的美。

图2.20 与光有关的设计

荷兰著名的建筑工作室展示了未来主义的彩色酒店，由九间可以拼插组合的房间组成。设计师希望这种居住方式将来可以适用于不同人的住宅需求，包括家庭、学生甚至难民。这种未来式的居住方式更为便捷和经济实惠，将成为人们理想的居住方式。

荷兰设计周以"探索未来生活"为主题，强调未来感和科技感。在"清洁革命"板块中，融合了科技、艺术、设计和产品制造。其中，海洋清理001号项目由年轻的荷兰发明家史拉特（Boyan Slat）设计，如视频2.17所示。这是一个被动系统，由多个直径约1.2米的塑胶管道组成，构成约600米长的U形漂浮管状结构，类似于一条"人造海岸线"，管状结构下方则是深2.7米的屏障。该系统能够收集海洋表层的塑胶垃圾，并利用潮汐和海浪产生的推力将其聚拢至装置中心。每隔一到两个月，就会有一艘垃圾船将收集到的海洋垃圾运回陆地进行回收处理。该海洋清理系统被誉为最有野心的"清洁工"，计划五年内清理掉一半的太平洋垃圾带，这将开启地球史上最大的海洋清理工程。

视频2.17 海洋清理001号

设计周是设计师们接收最新设计信息的理想场所。在短时间内，他们能够接触到大量的最新设计作品，更好地了解一个城市或国家的文化特点。

2.4 头脑风暴

头脑风暴是一种高效的概念发散方法。它由美国天高广告公司的奥斯本首创，旨在营造正常和开放的氛围，通过小组讨论、座谈、积极思考和畅所欲言，充分发挥每个人的想象力和创造力。这种方法可以帮助人们从不同的角度思考问题，以便更好地解决问题，提出新的想法和创新性的解决方案。

头脑风暴最初的用语可能和现在的应用有些许不同，但在设计领域，它被广泛认为是一种有效的概念发散方法。在头脑风暴的过程中，设计师可以拓宽思维，从不同的角度来看待问题，突破传统的思维定势，以创造性的方式来解决难题。虽然头脑风暴看起来有些古怪、大胆，但它实际上遵循着一套系统的原则，只要严格按照这些原则来进行，就能够取得最佳的效果。

2.4.1 头脑风暴原则

艾迪欧（IDEO）[1] 咨询公司基于丰富的头脑风暴经验，总结出了七个原则，有助于提高头脑风暴的效率和创造力。

（1）暂缓评论。当队友提出概念的时候，哪怕设计师认为这个想法很幼稚荒诞，也不应着急做出判断和阻拦，同时也不要随便对内心思考的想法自我扼杀，要有一种开放积极的心态。

（2）异想天开。不要限制自己的思维，避免用"不可能"或"不符合某个定律"等句式来局限创意。

（3）借题发挥。可以从设计主题出发，拓展新的关键词或思路，像一棵树一样枝繁叶茂，不经意间就能获得创意灵感。

（4）不要离题。不要过度联想，避免离题。

（5）人人平等。头脑风暴应该是一个民主平等的团队活动，无论是专家、老板、设计师还是非设计专业人员，每个人都应该被平等对待，每个概念都应该被记录。

（6）图文并茂。视觉化的表达方式更加生动形象，能够给设计师带来更多的创意启发。

（7）多多益善。概念的质量和数量是互相支撑的，适当的数量才能带来更高的创造性。在有限的时间内，获得更多的想法是头脑风暴的主要目的。

2.4.2 头脑风暴流程

介绍完头脑风暴的原则，再来看一下头脑风暴的流程，如图2.21所示。

---

[1] IDEO：全球顶尖的设计咨询公司。

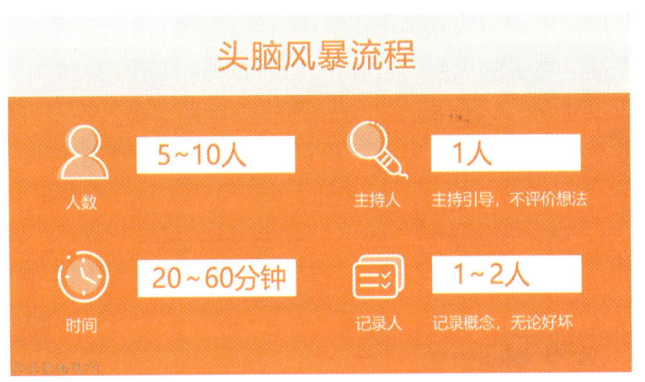

图 2.21　头脑风暴流程

一般情况下，头脑风暴的小组人数为 5～10 人，时间为 20～60 分钟。会议设立主持人一名，通常由了解问题背景且有头脑风暴经验的成员来担任。主持人只负责主持引导，不评价任何想法。同时还需要 1～2 名记录员，记录过程中的每一个概念，无论好坏。在实际操作时，头脑风暴的形式非常多样，有时不单独设记录员，每个组员都可以把自己的想法直接画在思维导图上，或者用便利贴粘贴在白板上。参会组员可以来自不同背景，跨度越大越好。不同的人拥有各自的专长和思维方式，更容易产生碰撞，迸发出灵感的火花。

2.4.3　头脑风暴技巧

在开展头脑风暴之前，主持人可以提前将讨论议题发给参会组员，以提高会议效率并让参会组员提前酝酿想法，对议题有基本的了解。

在正式开展头脑风暴前，组员可以参加一些小游戏来活跃气氛，让大脑保持亢奋状态。在头脑风暴过程中，可以采用各种辅助思考方法，如换位思考、角色扮演、戴上眼罩来感受盲人的生活体验等。借助一些道具，可以增强团队的想象力。采用概念叠加创新的方式，每个组员可以基于主题画出自己的概念，然后传递给下一个组员，层层叠加。这种方法可以最大限度地实现集思广益，培养参与者开阔的思路和创造力，让头脑风暴不再是个人冥思苦想的过程。

2.4.4　头脑风暴评估

在头脑风暴结束后，所有组员可以一起回顾讨论产生的各种概念，确保概念提出者记录的信息与其所想表达的信息一致。团队可以再次民主地评估所有概念，从可行性、功能性、创新性、美感、情感因素和社会责任感等多个维度对概念进行评分，最终选择几个要继续发展完善的概念，如图 2.22 所示。

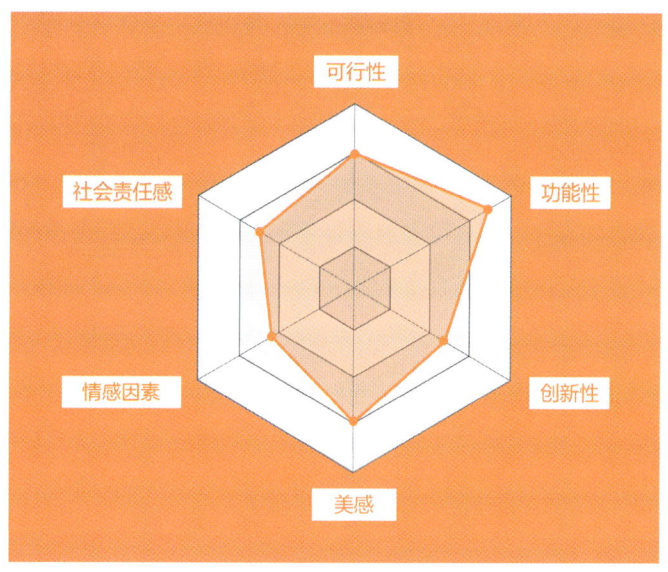

图 2.22　头脑风暴评估

以上所列举的概念评估标准源自概念设计大赛，但在实际产品开发中，设计团队还需考虑更多市场因素和实际操作因素，如是否符合消费者口味、是否易于运营团队操作、是否具有技术可行性、天气是否适宜等。对概念进行筛选至关重要，这可以确保最终选出的概念具有高质量和可行性。

法国设计师飞利浦·斯塔克曾经说过："持续锻炼创意思维会激活大脑中相应的物理区域，从而让创意思维成为解决问题的本能。"

2.5 创意思维方法

除了头脑风暴之外，还有许多其他优秀的设计方法和工具，可以帮助创意团队和个人提出好的概念。这些方法包括六顶思考帽、KJ法、创意思维卡片法和看科幻电影等。

2.5.1 六顶思考帽

六顶思考帽是一个全面思考问题的模型，是由学者爱德华·德·波诺（Edward de Bono）[①]开发的思维训练模型。爱德华博士被誉为20世纪改变人类思考方式的缔造者，也被尊为"创新思维之父"。在《六顶思考帽》一书中，他用六种不同颜色的帽子代表六种不同的思维模式。

---

① 爱德华·德·波诺：法国心理学家，牛津大学心理学学士，剑桥大学医学博士。

（1）白色帽子代表中立而客观。它可以用来陈述问题，关注客观的事实和数据。

（2）绿色帽子代表创造力和想象力。它可以提出创新的解决方案，具有创造性思维、头脑风暴、求异思维等功能。

（3）黄色帽子代表价值与肯定。戴上黄色思考帽，人们可以从正面考虑问题，表达乐观的、满怀希望的、建设性的观点，关注方案的优点。

（4）黑色帽子代表合理的批判。戴上黑色思考帽，人们可以运用否定、怀疑、质疑的思维模式，合乎逻辑地进行批判，尽情发表负面的想法，找出逻辑上的错误，关注方案的缺点。

（5）红色帽子代表情感。戴上红色思考帽，人们可以表达自己的情绪，表达直觉、感受、预感等方面的看法，对设计方案提出直觉性的判断。

（6）蓝色帽子负责控制和调节思维过程。它负责控制各种思考帽的使用顺序，规划和管理整个思考过程，并负责做出结论。

这个思维训练模型操作简单，能够帮助人们提出建设性的观点，聆听他人的想法，从不同角度思考问题，从而创造出高效能的解决方案。当设计师面临一个全新的任务而头脑空白的时候，按照一定的顺序戴上不同颜色的帽子并尝试用不同的思维思考问题可以帮助设计师渐渐厘清思路。这种方法可给予人热情、勇气和创造力，让每一次会议、讨论、报告、决策都充满了新意和生命力。

2.5.2 KJ法

KJ法，又称亲和图，是由东京工业大学教授川喜田二郎（Kawakita Jiro）[1] 发明的，其中的KJ代表他的英文姓名缩写。该方法适用于问题复杂、信息混乱、利益相关者众多且设计团队有足够时间探索寻找答案的情况。

KJ法的流程分为两步。

第一步是收集研究问题所需的语言和文字资料，也是最重要的一步。设计师在收集资料时应该尊重事实，寻找最原始的思想。收集资料的方式可以多种多样，如直接观察、面谈和查阅文献等。设计师可以通过便签等及时记录所得到的启发。此外，也可以运用个人思考法，结合个人经验和回忆，总结对事物的认知和体验。完成以上收集资料的工作后，设计团队已经掌握了足够的信息。

第二步是归纳和总结。设计团队可以将相似的卡片或便签聚集在一起，整理出新的思路。

---

[1] 川喜田二郎：理学博士，著名文化人类学家。

KJ 法避免了设计团队从既定的假设和概念看待问题，有助于冲破旧的理论体系，在前人研究基础上形成独立的观念。KJ 法不仅仅是创意思维方法，还被广泛应用于市场调查和预测、企业方针的制定和质量管理等领域。

2.5.3　创意思维卡片法

艾迪欧公司推出的经典创意思维卡片法包含 51 张卡片，每张卡片详细介绍一种创新方法。卡片正面用图片激发设计师的灵感，反面详细介绍方法的用法、优势和案例。该方法引导设计师通过观察、分析、询问和尝试来激发灵感。当设计师缺乏灵感时，可以随意抽出一张卡片进行实践，或将不同卡片结合使用，这将成为设计师不断获得灵感的来源。

2.5.4　看科幻电影

前文介绍的方法需要进行深深的思考和大量的资料收集，接下来，作者将分享一个简单又轻松的创意思维方法：看科幻电影。

科幻电影通过充满想象力的世界观和独特的视觉效果，吸引了无数观众的目光。不仅如此，科幻电影还成为科技和设计行业的启蒙者。例如，移动电话之父马丁·库帕（Martin Lawrence Cooper）[1] 曾承认，他发明的第一台移动电话正是受了《星际迷航》中"通讯器"的启发。科幻电影所展示的技术和设计概念常常成为科技创新的催化剂，影响着我们对未来的想象和创造。

科幻电影中的高科技成为现实中的一部分，这已不再是什么稀罕事，如视频 2.18 所示。比如，2014 年上映的电影《机器姬》，其中的艾娃是来自伊娃世界的首个美女机器人，具备了人类的行为和语言能力，甚至能够表达爱意。电影的结局引发了对机器人的深度思考。另一个例子是汉森机器人技术公司研发的类人机器人索菲亚（Sophia）。索菲亚是历史上首个获得公民身份的机器人，她看起来就像人类女性，拥有橡胶皮肤，能够表现出超过 62 种面部表情。索菲亚"大脑"中的计算机算法能够识别面部，并与人进行眼神接触。大卫·汉森（David Hanson）[2] 说："它的目标就是像任何人类那样，拥有同样的意识、创造性和其他能力。"《阿凡达》中的 3D 全息技术可以清晰地展示出物体的三维形态和细节，这种技术在其他科幻电影中也经常出现。《碟中谍 4》中的隐形眼镜能够显示叠加图层并对现实进行标注分析，而基于 AR/VR 技术的智能眼镜正在追赶这种技术。谷歌智能眼镜（Google Glass）的制造者相信，未来可以抛弃手机，只需要戴上隐形眼镜就可以与信息进行交互。近两年的科幻电影中，观众还能看

视频 2.18 科幻电影创意

---

[1]　马丁·库帕：著名发明家。
[2]　大卫·汉森：类人机器人索菲亚的发明者。

到更多前沿设计，如《银翼杀手2049》中的激光动态美甲，以及《头号玩家》中的可旋转VR座椅和真实触感体验等。

科幻电影的想象力不仅激发了人们的创造力，也让我们思考未来需要哪些产品。虽然现实和科幻电影看起来是两个平行的世界，但随着不断的努力和探索，它们的时间线和想象力最终可能会在未来汇合。

创意思维并不是高深的学问，养成良好的思维习惯有助于激发创造性，使创意思维真正融入人们的日常生活，如视频2.19所示。

视频2.19 创意思维习惯

小结

创意设计并不需要夸张的效果，而是要给人意想不到、意料之外的感觉。在日常生活中，那些看似平凡的小产品也可能潜藏着大创意。只要拥有敏锐的目光和善于观察、思考的良好习惯，设计师就能拥有无穷的创意和灵感。

第3章
设计满足用户需求

引言

人类生活在地球上，为什么会有各种各样的需求？那是因为生活中存在太多的问题，从而产生了不满意，而问题就是"理想与现实的差距"，那人类会很自然地产生"减少甚至消除这种差距"的愿望，这就产生了需求。我们之所以做出一件产品，肯定是为了解决一些问题，满足某些需求，而这些需求深挖到底，总可以归结到马斯洛说的那几个需求层次里，即生理需求、安全需求、社交需求、尊重需求、自我实现需求。

现今社会，优秀产品的竞争越来越激烈，用户也不再仅看中产品的材质、实用、美观等客观因素，而是更加注重自己使用时的体验感受。好的设计绝不是凭空想象而来的。设计师必须要了解用户想要什么，创建一个良好的使用心理环境，让用户爱上使用这款产品，并通过这款产品的使用，达到自己的生活目标。设计一定要以用户为中心，注重实践研究。不同的时间、不同的年龄、不同的地区等因素下的用户都是不同的，要学会为不同的用户发现他们的需求，帮助他们解决问题。

3.1 以用户为中心的设计

以用户为中心的设计是20世纪90年代广泛流传开来的概念，而现在也被广泛应用于产品设计中。其核心理念是从用户的需求和感受出发，以用户为中心来设计产品，而不是让用户去适应产品。在产品设计过程中，需要考虑用户的使用流程、信息架构、人机交互方式等方面，以符合用户的使用习惯、预期的交互方式和视觉感受。这样的设计可以提高产品的易用性和用户体验，从而提高产品的竞争力和市场份额。

3.1.1 以用户为中心的重要性

1. 不以用户为中心的设计

某市最初的垃圾分类标准是将垃圾分为湿垃圾、干垃圾、有害垃圾和可回收垃圾。然而，市民们对于一些物品的归类产生了困惑，如干果壳、湿纸巾、湿垃圾袋究竟应该被归为干垃圾还是湿垃圾。这样的分类方式没有以用户为中心来设计。分类的逻辑是站在垃圾处理场的角度，因为焚烧干垃圾时混入湿垃圾会增加额外能量，降低焚烧效率。相关机构认识到这种不合理的设计所带来的巨大认知成本后，就提出了厨余垃圾、可回收物、有害垃圾和其他垃圾的新分类方式。仅仅是改了名字，却能帮助用户提高分类效率，减少认知成本。

类似的问题还有很多，如医院通常以白色为主，因为在白色背景上，污渍或杂质可以一目了然，方便工作人员打扫卫生。但对于病人来说，白色反而会使他们的情绪更低落。如果采用一些缤纷的颜色和绿色植物，不仅能让病人感到轻松愉快，也对身体恢复有帮助。

生活中，不以用户为中心的设计会带来很多麻烦，而在生产工作中，不以用户为中心的设计甚至会导致错误。统计数据表明，在工业生产中，90%的意外都被归咎为人为错误。著名的认知心理学家和工业设计师唐纳德·诺曼认为，如果90%的错误责任都在人类，那就说明机器设计本身肯定有问题。报告指出，犯错的主要原因在于用户的分神。好奇心和分神是人类的天性，如果人类必须像机器一样工作，那就是非人性的，这是隐形的以技术为中心。设计团队与其想办法让反人性的技术变得更容易理解和使用，还不如将技术作为人类能力的延伸，最终为用户需求服务。因此，在设计产品时，无论是针对生活用品还是生产工具，我们都需要真正站在用户的视角来理解问题、解决问题。

2. 以用户为中心的设计

在我们身边，有很多以用户为中心的优秀设计案例。比如，苹果的操作系统（iOS）就非常简单易用，即使是不懂电子产品的老年人也可以轻松上手。又比如，飞利浦设计的一款唤醒灯模仿自然光逐渐变亮，结合自然的声音，如鸟叫、树枝被风吹动的声音等，让人以一个自然的过程醒来。这样的唤醒方式能最大限度地减少用户的能量损失，让用户在一天中保持良好的心情和充沛的精力。

海尔一直坚持"用户永远是对的"的服务理念，在家电领域取得了很高的声誉。海尔通过售后服务了解用户需求，并及时提出相应的产品解决方案，对用户真诚到永远。早在1996年，有一位四川农民投诉海尔洗衣机排水管容易堵塞。服务人员上门维修时，发现这位农民竟然使用洗衣机来洗地瓜，而地瓜的厚重泥土堵塞了排水管。服务人员并没有推卸责任，依然帮助用户解决了问题。1997 年，海尔为该洗衣机立项。1998 年 4 月，为了满足农民需求，海尔研发的"洗地瓜洗衣机"开始批量生产。这种洗衣机不仅可以用来洗地瓜，还可以洗水果甚至蛤蜊，价格为 848 元。海尔的洗地瓜洗衣机一炮而红。那一年的全国经济工作会议在探讨如何进一步扩大国内用户需求并启动国内市场时，就以此为例。针对幅员辽阔、需求多样的中国市场，海尔又开发了一系列神奇的洗衣机。青海和西藏地区的人们喜欢喝酥油茶，但打酥油很麻烦，往往需要花很长时间。于是，海尔就开发了打酥油洗衣机。这种洗衣机打制酥油仅需花费 3 小时，相当于藏族妇女 3 天的工作量。合肥的龙虾大量上市，龙虾店和大排档生意火爆，但是龙虾不好洗。于是，海尔推出了洗龙虾洗衣机。北方某枕头厂反映普通的洗衣机无法洗荞麦皮枕头，在接到用户需求后，海尔研发团队仅用了 24 小时，就在已有洗衣模块上开发出了可洗荞麦皮枕头的洗衣机。海尔还为农村地区电压不稳定的用户开发了宽电压洗衣机，为城市居民家中水压不足的用户开发了零水压洗衣机等定制产品。

随着科技的进步和人们生活水平的提高，"无所不洗"的需求已经过时了。然而，以用户为中心的产品设计思维仍然值得我们深思。现在，用户对洗衣机的功能需求更加精细化。针对婴幼儿衣物的高卫生除菌需求，海尔的迷你洗衣机可以满足这一需求。它具有高温煮洗和紫外线杀菌的功能，能够专门清洗婴幼儿衣物。同时，针对南方多雨潮湿的气候环境，集清洗和烘干于一体的洗衣机也备受欢迎。对于旅行洗衣不方便的问题，手持式洗衣机可以通过超声波技术解决，只需要 30 秒就能洗净普通污渍，并且便于随身携带。对于生活品质要求高的精致洗衣主义者，会特别挑选洗衣液和水质，因为硬水容易导致污垢残留和衣物纤维破坏。因此，海尔推出了"软硬通吃"的洗衣机，可以智能识别当地的水质，根据软水或硬水的不同特点匹配最佳的洗涤参数，使洗涤更加干净。

通过洗衣机设计案例可以发现，在不同的时代、不同的地区，面向不同年龄段和不同生活状态的用户，我们都可以挖掘出无穷无尽的需求。很多需求都远远超出了设计团队的想象力。以用户为中心的设计，需要设计师耐心聆听用户的需求和心声。由于用户不是专业人士，在表达需求的时候往往会有一些障碍。因此，设计团队需要解读用户的需求，去理解提出这些要求背后的真正原因。以用户为中心是设计中的人文关怀，是对人性的尊重。用户是设计存在的根本，设计的价值需求通过用户来体现。

3.1.2 以用户为中心的研究方法

以用户为中心的设计需要采用丰富多彩的用户研究方法，以理解用户的行为和想法，从而得出优化产品性能、提升产品体验的结论。用户研究方法可以从定性或定量的维度，以及人的观点或行为的维度进行分类，每种方法都适合特定的应用场景。研究方法主要包括定性研究方法和定量研究方法。

1. 定性研究方法

定性研究方法是一种常用的方法，用于了解用户大致有哪些需求，并可以为定量研究提供有价值的信息。定性研究方法主要包括以下几种。

（1）用户观察法。这种方法需要设计师深入用户的生活场景中，如和用户一起完成与工作和家庭有关的任务，参与并观察他们的日常生活，了解他们当下所做的事或者与他们习俗相关的事情。当设计师为狮子做设计时，要去的地方不是动物园，而是野外丛林。这种方法的好处是可以揭示出一些其他途径不能发现，只有全身心进入用户环境中才能发现的问题。特别是当产品或服务需要多人合作时，这种观察能够发现他们之间的所有互动。

（2）用户访谈法。该方法用于揭示用户对于某一问题的动机、态度和情感，通常在产品上线前进行探测性调查。在访谈中，访谈者应尽量让用户自行陈述观点，多听少说，可以从开放性问题开始，逐渐聚焦。访谈者需保持客观中立，避免提出诱导性问题和一次提出多个问题。

（3）焦点小组。焦点小组一般由6～10名用户组成，就像一个氛围轻松的聊天会。研究者需要营造出善于讨论的氛围，并保持中立的观点，照顾到在场每个人的感受，让每个人积极发言。由于焦点小组是由小团体组成的，所以不适合讨论敏感、个人化的主题。

（4）日记记录。日记记录是一种纵向研究的方法，用户需要进行自我报告式的长期记录。研究者会从大量日记内容中挖掘出用户的行为习惯、态度、动机。

（5）可用性测试。这种测试方法是邀请一批代表性的用户，在模拟的情景下操作产品并完成特定任务。同时，研究人员在一旁观察、聆听、做笔记、评估产品的功能设计是否合理。产品可以是一个网站、软件，或者其他任何产品，甚至可能是尚未成型的产品。测试可以是早期的纸上原型测试，也可以是后期的成品测试。可用性测试可以从绩效和满意度两个方面进行测量。绩效是指用户与产品发生交互时成功与否、所花的时间、努力程度等；而满意度则是用户在使用后对产品的评价，如是否能满足期望、是否带来愉悦的体验。

（6）有声思维。有声思维是获取用户数据反馈的有效方法，最初由IBM公司提出。该方法要求用户在完成一系列由研究人员设定的任务过程中，口述自己所看到、所想到和所感受到的，以帮助研究人员获得第一手反馈，从而发现问题。研究人员在整个测试过程中应该客观、全面地记录用户所说的每一句话，并避免打断用户的行动和表达。

（7）卡片分类。卡片分类是一种用于研究用户如何理解和组织信息的方法，通常用于规划和设计互联网产品的信息架构，特别是在设计导航和菜单时。该方法通过将一些带有具体信息的卡片提供给用户，然后让他们根据不同的分类方式对这些卡片进行归类。通过观察用户的行为和听取他们的思考过程，研究人员可以更好地了解用户如何理解信息，并设计出更适合用户的信息结构。

（8）痛点云图。这是一种将用户的痛点以云图的形式展现出来的方法，根据痛点的大小和出现频率对呈现出来的词语进行排序和调整。这个方法可以直观、快速地了解用户的痛点。

（9）眯眼测试。眯眼测试是一种用来研究产品界面布局的方法。在这种测试中，被试者会眯着眼睛看产品界面，以判断其视觉重量和排版结构是否准确清晰，是否有干扰冗余。通过这种测试，可以评估产品的布局是否合理、层次是否清晰、视觉流是否流畅，以及重要元素是否突出。

2. 定量研究方法

定量研究方法主要用于了解不同需求的用户占比以及优先级，可作为定性研究的验证工具。常用的定量研究方法包括以下几种。

（1）问卷调查。问卷调查是一种运用统一的问卷向被选取的用户了解情况或征询意见的调查方法。问卷通常由开放式问题和封闭式问题组成，包括单选、多选、排序、量表等问题形式。问卷调查的优点在于能够同时测试大量目标用户，所需时间短，投入少，数据量大。在问卷设计时，需要避免使用专业术语，避免使用过于笼统或抽象的描述，对没有统一标准的选项需要提供参考标准，避免难堪敏感问题和假设性问题，并避免主观引导。此外，还应控制问卷长度，避免因问题过多而影响被试者的情绪，从而影响问卷回收的有效性。

（2）眼动测试。眼动仪可以记录人在处理视觉信息时的眼球运动，如眼睛停留次数、停留时间、眼动轨迹和回视次数，被较多地应用于注意、视知觉和阅读领域的研究。眼动研究需要和其他研究如用户访谈、后台数据分析等方法结合才能发挥最大价值。

（3）生理数据监测。随着技术的发展，除眼动仪外，还有更多用户生理数据成了设计师的研究对象，如脑红外检测、心跳脉搏检测、皮电数据检测等，这些数据客观实时地记录了用户生理的变化，很多时候需要结合用户主观数据来进行综合分析。

（4）大数据指数分析。大数据研究平台可以从海量的用户数据中获取热度趋势、用户真实需求和关键词搜索的人群属性。例如，通过淘宝指数，我们可以了解某个搜索产品一个月内成交人群的特征。

（5）网站数据分析。网站数据分析是客观反映用户访问网页数量和频率的方法。在进行网站数据分析时，需要了解一些基本概念，如页面浏览量或点击量、网站不同IP地址的独立访客数、每日活跃用户的数量和每月活跃用户的数量。理论上，这些数据值越高，就意味着产品的用户黏性越高，但这并非绝对。例如，像携程网和爱彼迎这样的旅游产品，用户可能只在一年中使用几次，因为大多数人不会经常旅行。

（6）点击热力图。点击热力图是以特殊高亮的形式显示用户在页面点击位置或用户所在页面位置的图示。通过点击热力图，我们可以直观地观察用户访问情况和点击偏好，并测试页面设计是否合理和符合预期。根据用户偏好，我们可以合理地优化布局，减少用户误操作，如图3.1所示。

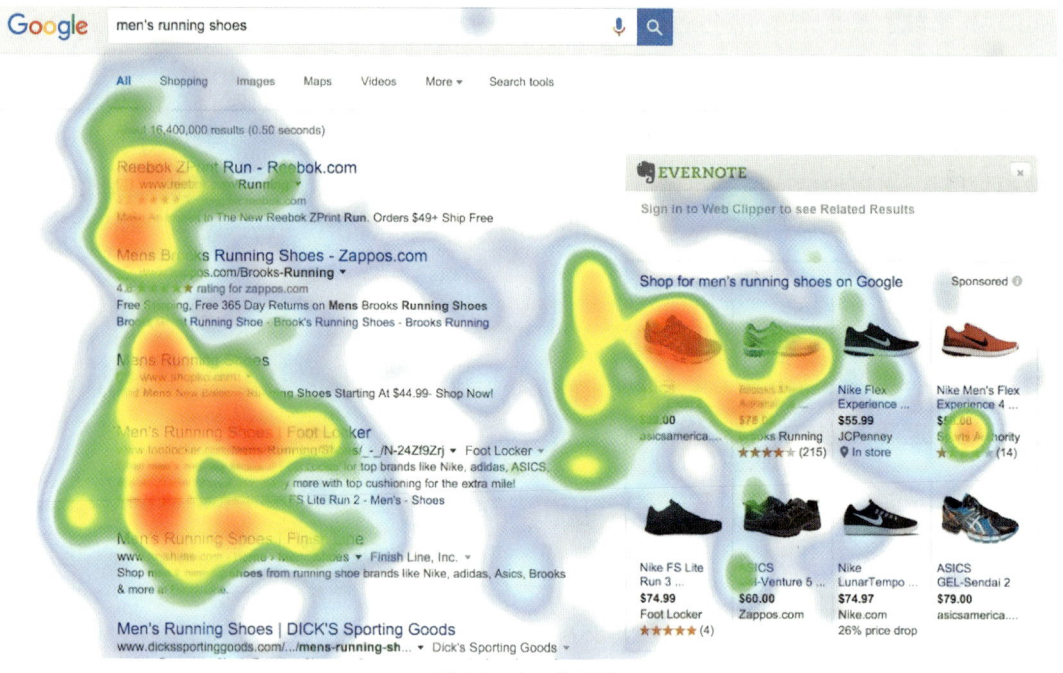

图 3.1　点击热力图

（7）A/B 测试。A/B 测试是将一小部分用户随机分成 A/B 两组，其中被实施干预的组别被称为实验组，而另一组则作为控制组没有任何干预。在正式测试中，研究人员邀请目标用户测试，控制这些用户看到不同的测试版本。例如，在网站研究案例中，需要探究优化后的网页是否有更好的效率。实验中，一半的用户会看到优化后的页面，另一半则看到未经变动的页面。研究人员需要观察点击次数、转化率等指标是否发生了显著变化。

用户研究的意义在于激发设计团队的灵感，并使其聚焦于关键问题，而不是简单地积累数据资料。在时间和预算有限的情况下，重点应放在最大限度地收集广泛的用户需求上。用户研究就像探索海平面下的冰山，只有一小部分表面可见，设计师需要通过各种方法了解用户的态度和行为，以挖掘出更多用户的潜在需求。

3.1.3　以用户为中心的设计方法

为了更好地提炼用户需求，需要运用以用户为中心的设计方法。

（1）用户画像。用户画像是在设计过程中贯穿始终的一个关键概念。随着设计的推进，设计师往往会失去对用户的真实需求的理解，不同的设计师甚至决策者也很容易按照自己的想法来设计产品或服务。这种闭门造车的方法会导致设计师忘记目标用户的需求和特征。因此，在整个开发流程中需要一个可靠的、易于理解的用户画像，它应该是一个鲜明的形象，就像生活中的某个人。每个用户画像都是一个原型，根据用户人口学特征、行为习惯等信息抽象出来的一个标签化的形象，概括了用户研究的发现，包含目标用户的自然属性、社会属性、人群偏好、位置信息、信用信息、消费习惯等。用户画像使用户研究的成果栩栩如生，可以指导设计团队产品优化，更好地把握用户需求，也可以为用户定制个性化服务和精准营销方案。

（2）移情图。移情图是与用户画像结合使用的一种设计工具，它可以帮助设计师更加清晰地分析出用户最关注的问题，从而找到更好的解决方案。什么是移情呢？移情指的是同理心，要求设计师不仅仅是站在用户的角度，还需要穿上他们的衣服，身处用户的环境，面对用户的真实需求。只有这样，设计师才能真正理解用户的痛点，并提供有效的方案，帮助他们解决问题。移情图通常被划分为四个象限，分别代表想法和感受、所见、所听、所做四个方面，如图3.2所示。

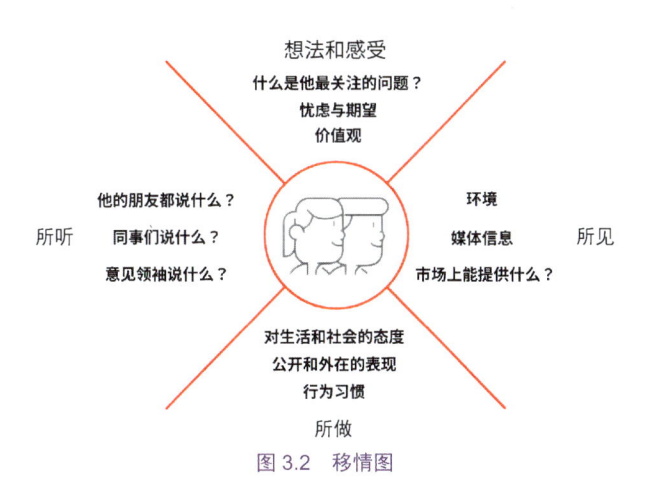

图 3.2 移情图

（3）故事板。故事板是一种创作模式，由迪士尼在20世纪30年代发明并使用。它在动画电影创作中发挥了重要作用。故事板试映在动画片原始状态和最终成片之间扮演了关键角色。它由资深专业人士组成的"智囊团"反复征求意见并进行修改。在产品设计中，故事板也能帮助设计师将角色、场景和情节串联起来，将抽象的体验过程具象化成图文结合的形式。设计团队可以通过一个角色来观察场景并了解各种触发事件，从而进行更直观和深入的用户体验挖掘和思考。一个完整的故事板包含人物、物品、环境和行为四个方面的要素。绘制故事板的方法没有限制，可以用纸笔绘制，也可以用电脑绘制。

（4）参与式设计。参与式设计是一种所有利益相关者都参与设计过程的方法。传统的设计项目通常由相关行业的专业人员完成。相比之下，参与式设计让用户成为设计团队的一部分，而不是仅仅通过观察和测试收集用户反馈。用户参与的程度可以从被动地了解项目的发展，到积极分担决策中的角色和责任。研究表明，当用户有意识地在更高层次上做出贡献的时候，他们往往会对设计产生真正的影响。然而，这种方法也遭到了一些批评，因为有些案例表明，不是所有用户都能够为设计团队提供新的视角。

（5）身体风暴。身体风暴是一种以角色扮演和表演的方式展开的创意讨论，旨在帮助设计师更好地融入用户的角色中。通过身体风暴，设计师能够更好地理解用户的需求和感受，并创造出更贴近用户体验的设计方案。身体风暴的关键在于指定场景，注重物理感受，并及时记录下来。同时，这种方法也可以激发设计团队的想象力和创造力，帮助他们更好地理解和应对用户需求，提升设计效果。

（6）功能和信息架构梳理。它指的是根据产品定位和用户需求优先级来梳理产品的功能层级，同时根据想要向用户展示的信息及展示方式对信息内容进行分类和梳理。功能架构和信息架构是紧密相连的，因为功能往往是通过信息的展示和操作来实现的。

（7）线框图。线框图是交互设计中的一种低保真设计图，它主要用于展示产品的信息结构、内容布局以及用户交互方式等。通过线框图可以快速表达初期的设计方案，便于团队进行讨论和迭代修改。线框图注重设计思想的清晰传达，具有快速和修改成本低的优点。

（8）流程图。流程图是一种用特定的图形符号和说明来表示算法流程的图表。它可以表达信息、观点或部件流通过系统的过程。页面流程图则用于表明产品所有页面及其之间的关系。它能帮助团队把握全局，传达需求，评估工作量，梳理业务，从而让产品整体变得更加整洁，结构更加优美。由于它能够清晰地展示用户的操作路径，使得设计团队可以更好地优化产品的流程，提高用户的体验。

（9）原型法。原型法是一种将设计概念具体化的方法，适用于设计团队内部测试以及用户测试设计想法。原型的效果就像图像一样，胜过千言万语。制作原型是设计过程中的一个重要环节，它可以将研究和概念转化为具体的形式，以便帮助设计团队、目标用户和潜在使用者进行基本概念测试。制作原型有助于充分设计各个细节，以便更好地沟通设计思想和逻辑。

（10）迭代设计。迭代设计指的是通过不断重复的流程，包括构造原型、测试分析、确认问题、改进设计等步骤，使产品和服务更好地适应用户的需求和反馈。这个设计过程强调反馈和修正，并且通过每一轮迭代，逐步提升产品和服务的质量及用户体验。

（11）认知预演。认知预演也被称作"用户预演"或"用户模拟"，是一种设计方法，旨在模拟用户在使用产品时的行为和思考过程，以发现并解决设计上的问题。设计人员通过扮演用户的角色，尝试各种场景、任务和功能操作，从用户的角度出发评估产品的可用性和用户体验。通过认知预演可以及早发现设计问题，帮助设计团队不断改进设计，以更好地满足用户的需求和期望。

（12）人机工程学应用。人机工程学是一门交叉学科，应用了人体测量学、人体力学、劳动生理学和劳动心理学等学科的研究方法。该学科涉及多个领域，如研究人体结构和机能特征，提供人体各部分的尺寸、重量、体表面积、比重、重心以及人体各部分在活动时的可及范围等参数；提供人体各部分的出力范围，以及动作时的习惯等机能特征参数。同时，该学科还分析人的视觉、听觉、触觉等感觉器官的机能特性，以及人在各种劳动时的生理变化、能量消耗、疲劳机理和适应能力等。此外，人机工程学还研究了工作中影响心理状态的因素和心理因素对工作效率的影响等。这些研究成果为工业设计的以人为本、以用户为中心的核心思想提供了实实在在的科学依据。人机工程学是一门内涵丰富的学科，涵盖范围广泛，可以单独开设课程。研究人员可以直接使用与人自身，特别是人机关系方面的基本知识和研究成果相关的内容，而无须从事相关研究。例如，当人坐着操作时，脚踏板不得偏离人体中心线 7.5～12.5cm。成年人的短时记忆容量为 7 个单位左右，也就是一次性能记住 6 个无关联单词或 7 个数字，而幼儿的短时记忆容量为 4 个单位左右。类似的研究成果还有很多，设计团队可以直接使用。

这些经典方法虽然拓宽了设计师的视野，但要真正掌握这些方法，设计师还需要通过实践来加深理解。设计师可以以自己正在进行的某个项目为基础，寻找目标用户，并真正实践以用户为中心的设计理念。

讨论题

你用过哪些以用户为中心的研究方法？请你结合个人经历分析这些方法的优缺点。

3.2 用户体验设计

用户体验是指用户在使用某个产品之前、使用期间和使用之后的感受和反应，包括情感、信仰、喜好、认知印象、生理和心理反应、行为和成就等各个方面。它是一个关键因素，决定了一个产品是否能够成功，一个企业是否能够长久发展。产品的销售不是交易的终点，而是用户体验的开始。因此，用户体验之旅是否愉快，将直接影响产品的口碑和销售情况。设计师们需要重视用户体验，通过以用户为中心的设计来不断优化产品，提高用户的满意度和体验感。

3.2.1 概念与发展

在交互设计领域，存在许多关键设计概念，如用户体验设计、人机交互、交互设计等，如图 3.3 所示。

人机交互的概念起源于 20 世纪 60 年代，当时的研究人员首次提出了人机紧密共栖的概念。随后，1969 年，第一次人机系统国际学术会议在英国剑桥大学召开，人机交互作为一门学科逐渐形成了自己的理论体系和实践范畴。在理论体系方面，人机交互强调认知心理学、行为学和社会学等人文科学的理论指导。而在实践方面，人机交互则强调计算机与人的反馈交互作用。

交互设计最初由 IDEO 创始人之一比尔·摩格理吉（Bill Moggridge）[①] 于 1984 年提出，当时他把它称为"软面（Softface）"。后来，他将其改名为交互设计。交互设计的起源可以追溯到网站设计和图形设计领域，但如今它已经成为了一个独立的领域。它涉及定义人造物的

---

① 比尔·摩格理吉：英国设计师、作家、教育家，是 IDEO 设计公司的创始人之一，也是纽约国家设计博物馆的馆长。

行为方式相关的界面，包括目标用户、使用流程以及结果，并考虑有用性、可用性、情感因素等多种因素。

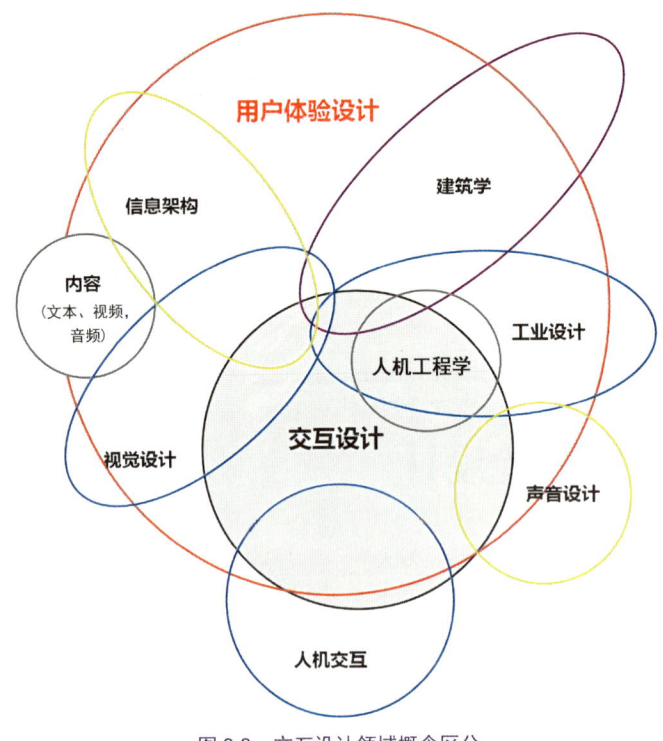

图 3.3　交互设计领域概念区分

用户体验设计这一概念最早被广泛认知是在 20 世纪 90 年代，由著名的认知心理学家和工业设计师唐纳德•诺曼提出和推广。在诺曼加盟苹果公司后，他被任命为首位用户体验设计师，这也是首个用户体验设计职位的诞生。

人机交互起源于人机工程学，并以人与机器的关系为研究切入点。而交互设计一词则源于计算机领域，其起源是软件专家在设计过程中发现人与计算机之间的交互会出现很多问题。与此不同，用户体验设计则是以心理学和认知科学为基础提出的，探讨人与外界环境之间的关系。这三者有相似之处，也有不同之处。人机交互研究的是广泛的技术和人的关系，交互设计是一种实践方法，旨在解决特定问题，而用户体验设计则是一种贯穿整个产品流程的思想，适用于各个行业，其核心是真正挖掘出产品所在领域用户的需求。

从大数据指数可以看出，在交互设计、人机交互、用户体验三个词中，用户体验是媒体报道最多的，其次是人机交互，最后是交互设计。用户体验的传播范围最广，人们对它也更为熟悉。而人机交互和交互设计则在一定程度上属于专业名词。

3.2.2　用户体验十大设计原则

用户体验设计对于产品的成功至关重要，那么，什么样的特征能构成一个优秀的用户体验呢？被誉为"易用之王"的雅各布·尼尔森认为，用户体验设计的核心使命是让用户获得超预期的数字体验，他提出了十大原则，可以帮助设计团队评估用户体验的质量。

（1）保持界面的状态可见、变化可见。在使用产品时，用户需要获得即时的反馈，界面的状态、内容和变化应该随着用户的操作而改变。在设计过程中，应该避免让用户出现疑惑的情况，如"我切换了功能页面，但我现在是在哪个页面"或者"我点了这个功能，为什么没有反应"。

（2）贴近场景原则。产品的功能和服务应该与真实世界紧密联系，让信息更自然，逻辑上也更容易被用户理解。

（3）可控性原则。在使用产品时，用户应该能够清楚地了解和掌控当前页面的情况。如果用户误操作，应该随时可以撤销并回到之前的状态，让用户在使用产品时拥有足够的自由。

（4）统一性原则。产品要在视觉上保持统一，在交互方面保持统一。不让用户在使用产品过程中因为切换了一个页面而感到陌生，要始终在熟悉的环境下使用，减少用户的识别成本，用户才能感到舒适。

（5）防错原则。使用贴心的提示和设计，避免用户犯错。优秀的设计师需要时刻从普通用户的角度看待问题，关注产品是否能够让用户轻松使用。

（6）协助记忆原则。当需要记忆信息时，产品功能应该帮助用户进行记忆，让信息可见、可查看。

（7）简约容易原则。产品的界面和功能要简单明了，尽量减少冗余的信息和操作，让用户能够迅速找到需要的功能和信息。

（8）帮助和提示原则。用户不是产品设计师，第一次使用产品时可能会产生疑问，无论何时何地，用户都需要得到帮助和提示。因此，在设计产品时，应该提供简单易懂的帮助和提示，让用户能够轻松理解和掌握产品的使用方法。

（9）容错原则。向用户提醒可能出现的错误，并提供让用户能够纠正错误的方法，以保障用户的使用体验。

（10）灵活高效原则。产品的设计应该尽可能地简化流程，减少用户的操作步骤和时间，提高用户的工作效率。同时，产品的设计也应该具有一定的灵活性，能够适应不同用户的使用习惯和需求，提供个性化的服务。

运用这十大原则，设计师们可以设计出更加人性化、注重细节的用户体验。

3.2.3 用户体验五层次

了解了用户体验的设计原则后,我们该如何进行互联网产品设计呢?美国的加勒特(Garrett)提出了经典的用户体验设计框架,至今仍然具有普适性。该框架将互联网产品设计的用户体验抽象为五个层次,如图3.4所示。

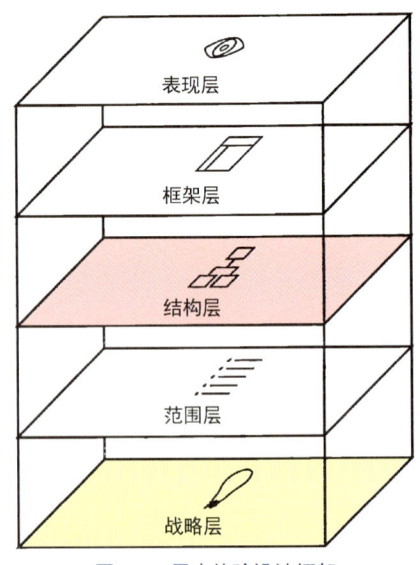

图3.4 用户体验设计框架

(1)表现层。产品的外观和界面设计是用户接触到的第一印象。这包括产品的主色调、图标、字体、按钮等视觉元素,以及采用的设计风格,如扁平化或拟物化等。

(2)框架层。在用户进入产品后,他们对产品的整体结构有了印象。例如,用户能够看到菜单的设计,了解每个菜单对应的功能,以及如何找到需要的内容,是通过列表还是搜索框等。

(3)结构层。用户开始使用产品后,将反馈对产品的使用体验和感知。例如,购物网站的流程是什么样的,用户在选择商品、添加到购物车、填写地址和支付等过程中是否顺畅,是否有明确的提示和指导。

(4)范围层。在更深入地使用某个功能时,用户会对该功能的具体范围和能力有更深刻的感知。例如,在使用聊天功能时,用户会注意到该功能是否支持发送文件、是否支持自定义表情等。

(5)战略层。用户使用完产品后,用户将对达成目标的效果进行评价和判断。例如,用户在使用产品完成购物或阅读等目标后,对产品的实际效果进行评价和判断。

3.2.4 产品设计五层次

产品设计和用户体验的顺序恰好是相反的。产品设计是自下而上的过程，从抽象到具体逐步推进。首先对产品在战略层面进行定义，然后具体到产品的功能点，最终到具体的实现细节和设计风格上。五个层次是自下而上建设的，但它们之间并不是独立的，而是相互关联的，如图 3.5 所示。

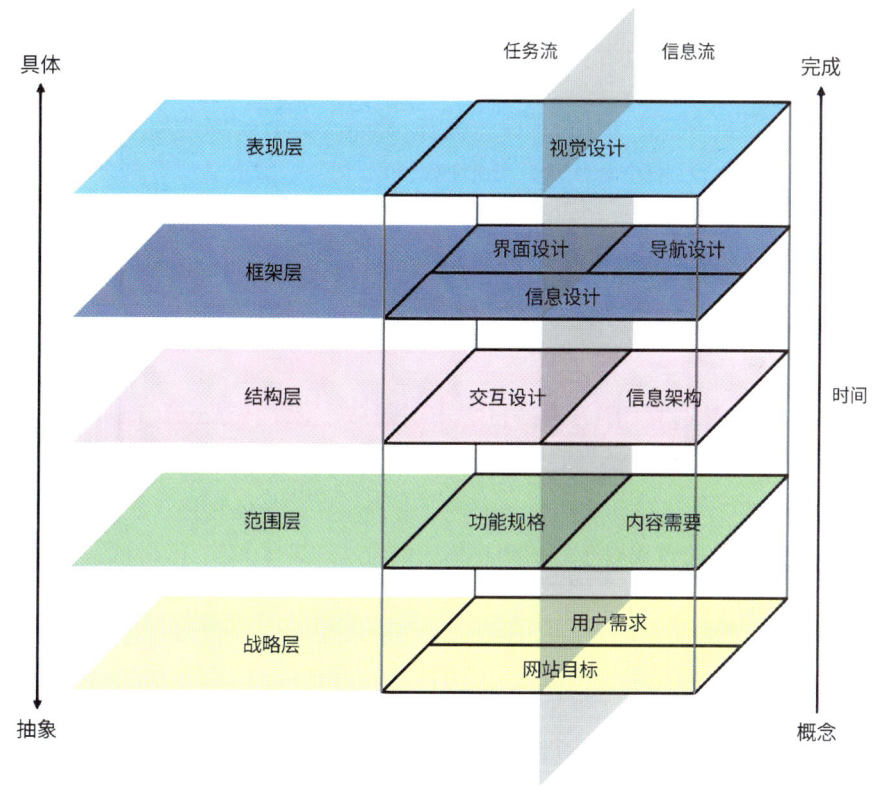

图 3.5 产品设计框架

（1）在战略层，设计团队应该从大方向上决定产品的功能：这个产品的目标是什么？用户使用这个产品的目的是什么？可以设定商业目标和品牌识别等产品目标，也需要深入挖掘用户需求。当设计团队将用户需求和产品目标转化为产品应该提供给用户的内容和功能时，就从战略层转化为范围层。

（2）在范围层将对产品进行长期规划。产品目标和用户需求通常被定义在正式的战略或愿景文档中。这些文档不仅列出目标清单，还提供目标之间的关系分析，并说明如何将这些目标融入更大的企业中。产品文档被撰写后会被频繁使用，并且要发给每个项目参与者，包括设计师、程序员、信息架构师和项目经理，以帮助他们在工作中做出正确的决策。

（3）结构层是通过交互设计和信息架构具体呈现的，其影响用户执行和完成任务的方式及将信息传达给用户的途径。在交互设计方面，需要尽可能关注"可能的用户行为"，同时定义

"系统如何配合与响应"这些用户行为。设计时不应该让用户去适应产品，而是要让产品与用户互相适应，预测对方的下一步。在信息架构方面，主要工作是设计组织分类和导航的结构，让用户可以高效地浏览网站的内容。

（4）结构层生成了大量的需求概念，在框架层上，设计师需要进一步提炼这些结构，确定使用什么样的功能和样式来实现产品。框架层的交付成果是线框图。页面布局将信息设计、界面设计和导航设计结合在一起，形成一个统一的、有内在凝聚力的架构，即线框图。界面设计的目标是选择正确的界面元素，让用户在第一眼就看到最重要的信息，而不是被不重要的内容分散注意力。

（5）表现层关注视觉设计，决定信息设计的交付产物在外观上如何呈现。这是用户体验的最后一站，也是离用户最近的一站，即会被用户的感觉器官所感知。这些感受由五个方面组成：视觉、听觉、触觉、嗅觉和味觉，其中视觉和听觉是一般产品所着重设计的方面，设计需符合人们的本能。此外，还要考虑元素设计的对比和一致性。这一层是内容、功能和美学汇集的最终设计，也是设计流程的最后一站。

3.2.5 中国工业设计协会用户体验产业分会专访

作者采访了中国工业设计协会用户体验产业分会主席罗仕鉴教授，旨在通过此访谈了解用户体验设计和交互设计专家对于好的用户体验的看法，并了解交互设计的发展趋势，如视频3.1所示。

1. 好的用户体验设计

周磊晶老师：请您介绍一下您对好的用户体验设计的理解。

视频3.1 中国工业设计协会用户体验产业分会专访

罗仕鉴教授：好的用户体验设计是一个相对较大的概念。近期我参加了两大设计比赛，可以简单地解释这个概念。第一个比赛是UXDA用户体验设计大赛，这个比赛从全国范围内征集优秀的用户体验作品进行评选。这些作品能够解决许多问题，包含学习、社交、娱乐、社会等各个方面。其中许多作品都符合"好设计，好体验"的概念。第二个比赛是中国美术学院举办的DIA大赛，其中新增了一个门类，名为信息交互设计。比赛收到了来自全球大公司、知名高校、设计机构和个人的作品，这些作品也解决了许多与民生、出行、商业等相关的问题。

我认为，好的用户体验或设计应该具备三个特征。首先是设计的技艺。从技能和技巧的层面来看，好的设计应该具有功能性、愉悦性和美感。其次是设计的理念，包括商业、民生和社会等方面的价值。好的设计应该能够为商业、民生和社会带来实际的价值和利益。最后是设计的力量，指的是某项设计或用户体验能够为相关行业带来巨大的发展，并促进社会健康发展。综上所述，好的用户体验应该具备设计技艺、设计理念和设计力量三个层面，如图3.6所示。

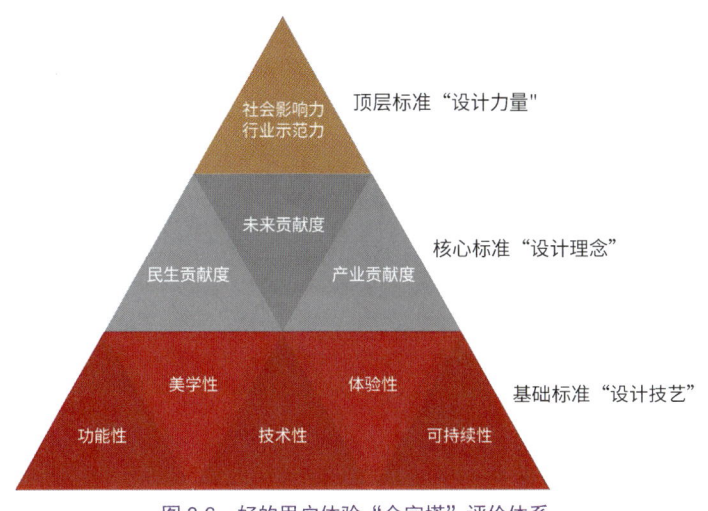

图 3.6 好的用户体验"金字塔"评价体系

2. 用户体验产业分会

周磊晶老师：我了解到您跟中国工业设计协会合作创立了用户体验产业分会[①]，请问您创办这个行业分会的初衷是什么？

罗仕鉴教授：用户体验设计这个行业在国内是随着互联网的兴起而发展起来的。我最早接触到用户体验设计是在 2003 年，当时我和企业合作，设计了一些移动终端的界面。到了 2006 年左右，用户体验设计变得非常热门。特别是到了 2010 年，随着移动互联网的飞速发展，用户体验设计得到了迅猛的发展。但是，由于发展速度太快，也带来了很多挑战和问题。

例如，在高校，有一部分学生选择去 IT 企业就业。但是，高校教育缺乏对用户体验鲜活案例的了解、熟知和认知，这导致学生缺乏一定的用户体验基础知识。另一方面，随着互联网行业的快速发展，企业需要更多掌握用户体验基础知识的人才。因此，企业有人才需求，高校有人才资源，如何有效整合高校教育教学和企业实际需求、社会需求，就需要我们这些用户体验协会、学会来发挥桥梁的作用。

因此，2017 年，我们成立了中国工业设计协会用户体验产业分会，旨在有效整合产业、学术和研究资源。我们通过举办会议、论坛和讲座等，将产业、学术和研究相互融合。我们还建立了一个网络学习平台，帮助高校学生学习最新的知识，同时让企业了解高校的实际需求和正在进行的研究。我们希望通过搭建这个平台，促进中国的用户体验设计和用户体验行业的健康发展，为国家的发展做出贡献。

3. 交互设计的发展趋势

周磊晶老师：随着国内互联网的迅猛发展，交互设计成了设计师重要的职业发展方向，您能谈谈交互设计的发展趋势吗？

---

① 中国工业设计协会用户体验产业分会：于 2017 年 11 月成立，致力于提供一个专业的国际化交流与学习平台，向社会推广用户体验的商业价值。

罗仕鉴教授：交互设计的范畴比较广泛，概念提出也比较早。除了交互设计，设计相关的术语还包括用户界面设计、用户体验设计、服务设计等。然而，就社会的接受度而言，交互设计是较易理解的一个概念。早期的交互设计注重人和机器的交互，随后的交互设计注重人和计算机的交互，而到了移动互联网和物联网时代，交互设计的范畴已经被大大拓展或深化。

比如，在智慧城市的设计中，交互设计将不仅仅关注人和设备的交互，也将考虑人和城市环境的交互，如让城市的交通、社区、公共服务更加智能化，更加贴合人们的需求和习惯。同时，随着人工智能技术的发展，交互设计也将更加注重人工智能与人的交互，如让人们更加自然、高效地与智能设备、机器人等进行交互。因此，交互设计的未来将会是一个更加广泛、多样化的领域，需要跨界合作，不断探索和创新。

所以我认为未来要做交互设计，学生、老师、研究人员需要关注以下几点。第一个层面要关注大数据，关注人工智能，关注互联网技术。第二个层面要了解人，因为人的需求变了，人的场景变了，人需要的服务和以前不同了，而且个性化需求更加强烈。第三个层面要研究社会，因为社会的形势变化，包括伦理、道德、法律、社会公德的变化，会对交互设计提出新的挑战和机遇。总而言之，我认为未来的交互设计要研究人、技术、社会、环境场景等。除此之外，设计师要在了解技术的同时关注整个社会的平衡发展。平衡发展、可持续发展、绿色发展，这是整个社会未来发展的一个趋势。

3.3 服务设计

在后工业时代，产品和服务之间的界限正在消融。产品本身就是一种服务，而服务中也需要产品媒介。人们需要的不再仅是物质层面上的满足，而更加关注行为和体验上的满足。1984年，服务设计这一概念首次在设计界和学术界被提出，迅速成为一个备受关注的研究领域。服务设计的目的在于为用户创造有用、易用的服务，为企业创造有效、高效的服务，从而提供更好的体验。服务设计是一种关注人、物、行为、环境、社会之间关系的系统设计。

服务设计是一个交叉学科，它汇集了各种不同学科中的设计方式和工具。它不是一个全新的学科，而是一种新的设计理念。通过学科间的合作，服务设计促进了共同创造的实现。它将交互设计、平面设计、信息设计、软件设计、产品设计等多种设计融合在一起，并包括了服务营销和经济学等学科，形成一个全新、综合性强、多学科交叉的领域。

3.3.1 服务设计五大原则

服务设计主要有五大原则。

（1）以用户为中心。服务设计以人为本，需要了解设计情境并进行共情。与传统的以用户为中心的设计不同，服务设计中的人不仅是客户或用户，还包括利益相关者，即服务的使用者和提供者。服务设计注重所有利益相关者的满意度，只有在整个系统中各方面的人的需求达到平衡时，服务才能真正实现长久和持续的发展。

（2）协同创造。在整个设计过程中，服务的流程、体验、价值都是由利益相关者一起创造的。协同创造不仅要包含各种目标用户，还要聚集产品经理、设计师、开发者、管理者等关键角色，进行交流和灵感激发，提升用户忠诚度和员工满意度。员工只有深入了解企业文化，才能更好地将企业文化传达出去，使用户获得更好的体验。例如，小米通过论坛的形式让用户的声音第一时间传递给开发者，开发者又通过论坛快速测试和改进产品，真正实现了高效的协同创造。

（3）有序性。服务的整个流程体验是一个动态的过程，服务设计与其他设计最大的区别就是它有一个时间的维度，所有的设计点随着时间的变化而发生改变。服务的节奏很重要，会影响用户的情绪。例如，在机场排队安检，等待时间过长会让用户感到不舒服，但是强迫用户加快通过也会让用户感到紧张。因此，服务设计需要考虑每个环节对用户情绪的影响，实现精准的节奏控制和用户情绪控制，将用户与服务互动的每个点无缝连接起来。优秀的服务就像一段动人的故事或一场精彩的电影。在特定的服务时空范围内，点、线、面的布局以及上下游环节的衔接，都遵循着特定的叙事设计和情节策划。服务中真实的瞬间和惊喜会在服务结束后留下长久的记忆，最终转化为服务的价值。

（4）实体化证据。许多服务是无形的，用户无法感知，但是通过用心的设计，可以呈现给用户所需服务的实体证据，不仅可以加强用户对服务体验的感知，还容易延续这次体验的印象。例如，一些贴心的酒店会在打扫房间后在厕纸上卷成一个小三角形，或者在铺好床后叠一个动物毛巾，以证明房间已经打扫干净；一些餐厅会设置开放厨房，让顾客看到新鲜的食材和卫生的环境，同时通过沙漏形式承诺送菜时间，以增加顾客的掌控感。这样的服务实体化呈现会让体验得到增强。除此之外，实体化证据还可以以各种形式出现，如账单、邮件、小册子、纪念品等，这些元素能起到欣赏和情感共鸣的作用，为用户展现难以感知到的后台服务。

（5）整体性。服务发生在真实世界中，是一种整体的感受，无法拆解。用户会通过视觉、听觉、嗅觉、触觉等多个维度全方位感受服务过程，每个互动体验的好坏都会对用户产生影响。因此，服务设计师需要保证每次用户与服务的互动瞬间都被考虑到，每个利益相关者的需求都被充分思考，从而达到最优化的设计。设计师需要注重全局思考，将整体考虑在内。

3.3.2 触点设计

在服务设计中，一个基本概念是"触点"。通俗来说，它是人与服务接触的点。以高德打车为例，当用户叫车时，首先会打开高德 App，这时手机交互界面就成为第一个触点。用户操作下单后，需要等司机到达出发点。如果此时司机打来电话，接电话就成为第二个触点。在这个触点中，用户会感受到司机的业务能力、熟练度和态度等。等待司机到达时，车辆也成为触点，车内装饰布置和内部环境也是触点。当然，司机本人更是非常重要的触点。如图 3.7 所示，一次飞行体验涉及各种触点，包括机场服务和航空公司服务。服务设计的利益相关者有时不只是一家公司，而是一连串的相关组织。

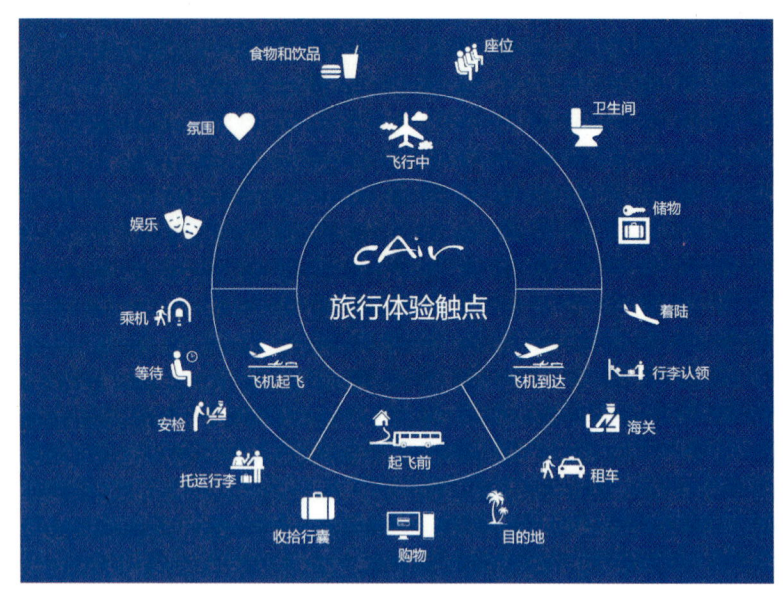

图 3.7 飞行体验中涉及的各个触点

优秀的服务设计通常在每个触点的设计上把握得恰到好处，为用户带来惊喜的体验。以阿里的双十一活动为例，在服务前，通过线上线下广告、视频、朋友圈文章等各个触点宣传双十一的到来，营造抢购氛围，引起消费者的关注。服务中，阿里通过各种线上游戏（如抓猫猫、积分兑换现金）、线下智慧门店等触点引导消费者设定期望值，增强参与感；同时，通过倒计时、双十一晚会、限时抢红包活动等触点制造紧张感，刺激消费者的购买欲望；通过持续的红包促销和实时滚动的交易额宣传等触点营造全面的抢购氛围，促使消费者重复消费。最后，阿里通过全球智慧物流配送这一触点提升消费者的满意度，加速双十一的全球化进程。

服务设计的经典案例不胜枚举，如海底捞的就餐服务、顺丰的快递服务和迪斯尼主题公园的魔法体验。在用户体验上，迪斯尼代表了世界最高水平，迪斯尼公司甚至开设了迪斯尼学院，向其他企业传授公司多年来的运营经验。迪斯尼把园区里的所有员工，包括玩偶扮演者、售货员、清洁工都称为"演员"，把所有工程师都称为"幻想工程师"。他们不是在工作，而是在表演，是在创造梦幻般的完整体验，创造一个充满想象力的世界，如视频 3.2 所示。

视频 3.2 迪斯尼服务

3.3.3 服务设计方法

在服务设计中，有许多工具可以使用，如前文提到的用户画像和故事板，以及用户旅程地图、服务蓝图、乐高积木模型等。这些工具在不同的工作阶段相互配合，最终能够得到出色的设计结果。在本节中，我们将重点介绍用户旅程地图和服务蓝图。

在服务设计中，有一个概念被称为"舞台"。想象一下，一个剧院的简单舞台，前台是事件发生的地方，也就是观众所能看到的地方。对于设计师来说，用户的行为发生在前台。后台提供了前台需要的各种支持，如灯光、布景、工作人员等，这些都是观众看不到的。此外，还有幕后的工作，通过组织所有无形的事情，使前台和后台成为可能，如规则、规章、政策和预算等，如图3.8所示。

图3.8 服务设计的舞台概念

用户旅程地图则是从用户的视角出发，描述用户标志性的体验，也就是服务体验的前台阶段。在创建用户旅程地图时，设计师通过用户的讲述和数据来描绘他们的历程，描述他们在做什么、思考什么、感受到了什么以及他们在整个旅程中的互动。一段好的用户旅程讲述的是用户经历的故事，其中包含了真实故事所能表达的丰富体验，如情感、内心对话、高兴和沮丧。这是设计师作为创作者进入用户内心去"观察"他们如何体验的机会，而同理心则是其核心。设计师可以通过与用户的交流来创建一个用户旅程地图，也可以把从用户体验中收集到的数据整合到地图上。用户旅程地图是一个巨大的矩阵图，其中横轴为时间维度，纵轴包含了用户体验、用户行为、痛点和关注点、情绪曲线、需求任务等。用户旅程地图可以帮助设计师感同身受，找出需要改进和更深入了解的地方。

用户众多，用户旅程也各不相同，但企业的业务、系统、政策等却是有限的。这就是服务蓝图的作用所在。服务蓝图不是简单记录用户的体验，而是以用户的体验为起点，揭示组织如何支持这个旅程。它可帮助组织者厘清在这段旅程中所扮演的角色，以及在不同的触点需要交付的服务，有助于认清整个服务中人、产品和流程之间的错综复杂关系。

从用户研究、用户体验设计到服务设计，这是一个由点到面再到系统，以用户为中心的设计过程。设计师需要亲身来到用户的身边，用各种方法挖掘出他们内心真正的需求，就像为他们设计指纹一样，为用户打造独一无二的优质体验。

讨论题

请分享生活中体验过的一个优质服务设计案例，并说明为什么带来了好的用户体验。

3.4 数据驱动的服务设计

前面已经介绍过服务设计的定义和概念，这一节主要介绍数据如何驱动服务设计。

下面举例说明服务设计的魅力。以星巴克为例，很多人在机场候机休息时，总是会选择去星巴克喝杯咖啡。为什么选择去星巴克呢？因为星巴克能够有效地整合人、场、物、环境，提供良好的服务。在这个服务中，咖啡只是媒介，是一种单纯的产品享受。但是，喝咖啡所伴随的服务、环境，能够从整体上为用户带来不同的体验，这才是用户所追求的。那么，为什么人们要去喝咖啡，享受这个环境呢？因为星巴克把制作咖啡的过程变成了一种可以体验和享受的服务，呈现在人们眼前，能够为人们带来比较好的情感体验、场景体验、销售体验和环境体验。

3.4.1 服务设计的关键点

服务设计有四个关键点。首先，服务设计必须以用户为中心，这是服务设计的核心。其次，服务设计是共创的过程，涉及消费者、设计师、制造商和供应商的合作。再次，服务设计必须平衡服务提供者和服务接受者之间的共同价值，如果一方的价值过大，另一方的价值就会受到影响。最后，服务设计必须考虑价值的共享，这种价值不仅指产品的价格，还包括了产品的语言、服务、环境、情感等方面。

即使世界上最好的设计师，也无法预测用户到底想要什么、期望什么。因此，设计师需要站在用户需求的角度来定制用户体验，以提供更好的服务。那么，如何获取用户需求呢？以前，人们通常通过大量的用户调研和访谈来了解用户需求，如在街头调研、在市场上采访用户，或者使用眼动测试和实地测试等方法来获取数据。然而，这个移动互联网时代，背后蕴含着大量的数据，大数据成了研究用户需求并进行服务设计的一个重要来源和工具。

3.4.2 大数据服务设计案例

基于大数据的服务设计有许多优秀的案例。

1. 百度用户体验中心

百度的用户体验中心在奥多比全球创新大会（Adobe Max）上提出了一项服务十亿人的全新用户体验案例。在这个会议上，百度以中国每年发生的全球最大规模人口迁移活动——春运为例，分享了他们在用户体验方面的经验和案例。据有关部门统计，2019年春运期间，全国旅客发送量达到了29.9亿人次，较2018年增长了0.6%。其中，铁路旅客4.13亿人次，增长了 8.3%；民航旅客 7300 万人次，增长了 12%；水运旅客 4300 万人次。

在如此大规模的春运中，百度是如何提供服务的呢？百度通过百度地图，第一时间提供交通服务、天气服务和拥堵服务，这背后使用了大数据技术。如果没有大数据技术，百度无法完成如此大规模的实时计算和实时服务。百度的春运大数据服务设计主要分为三步：第一步，分析现有数据；第二步，根据出行情况预测；第三步，为民众的春运提供增值服务。百度的春运出行仪表盘是百度地图推出的节假日综合出行大数据播报平台，包括高速公路实时查询和回顾、春运跨城迁徙、交通枢纽景区购物中心客流热度和周边路况等内容。这正是大数据技术提供的一种服务。

2. 腾讯微众银行

腾讯为了应对用户对金融服务的需求变化以及探索移动互联网的普及，推出了适应未来银行的设计。在 2017 年，腾讯用户研究与体验设计部联合国内 27 家银行，进行了一次行业大调查。调研结果显示，79% 的资金流向了互联网金融服务这个平台。此外，85% 的用户的消费支出都是与手机相关的，以微信和支付宝为主要支付方式。用户挑选和购买理财产品的时间也发生了变化，仅有 40% 的用户在营业时间购买理财产品，而 60% 的用户都在课余时间、休息时间或出差时间购买理财产品。

因此，腾讯推出了微众银行的服务产品，其最为重要的触点是在线上。这关系到整合用户线上和线下的全方位体验。不同类型的金融服务需要不同的线上服务流程，并具有不同的触点。互联网金融的优势在于将线上服务和线下服务结合，为用户提供实时、直观的情感体验。当然，如果这些服务不佳，用户也会更快地在线上平台上反馈自己的意见。因此，腾讯及整个互联网金融服务行业必须迅速做出反应，改进服务流程。改进的流程包括以下五个方面：梳理用户金融服务接触点、梳理用户操作习惯、定性研究和数据分析、分析用户类型以及梳理设计机会点。

腾讯非常关注用户理财和销售的过程，以及用户关注点、设计痛点和设计机会点，并从这几个方面进行服务设计。因此，微众银行的交互界面、交互过程和服务流程相较于传统银行服务更贴心和便捷。这正是基于大数据的服务设计的魅力所在。

3. 浙江大学用户体验创新研究中心

2017 年，浙江大学华南工业技术研究院成立了用户体验创新研究中心，致力于设计基于大数据的服务和用户体验。销售体验设计包括数据的输入、分析和行动三个步骤。具体而言，首先获取并分析数据，深入了解用户的行为和需求，然后根据用户的行为和需求对已有的网站和 App 进行设计和改进。整个过程是全流程服务，通过全面的数据把控实现实时服务和实时报告。

这样做的目的有两个。首先是实现主客观数据的优化，提高 50% 以上的业务转化率。以一个购物网站为例，如果某个产品网页的访问人数达到 1 万人，但只有 1 千人购买，其余 9 千人流失，通过大数据分析可以得到以下内容：这 1 万人是从哪里来的？是通过直接访问网站还是通过微博、微信、百度、脸书、谷歌等渠道来的？这 1 万人在该网页上做了什么？每一步的行为、每一个动作都能被记录下来。流失的9千人平时在网上都买了些什么？通过分析这些数据，可以了解流失的原因并提高业务转化率。同时，实时精准的大数据可以通过业务属性标签、行为属性标签、态度属性，结合用户画像模型和智能算法来实时动态更新用户画像，预测用户的动态，及时跟进运营策略，提高用户忠诚度和复购率。

基于大数据的服务设计是一个能够实现全链路实时分析的过程，从研发到营销提供端到端的解决方案。该服务包括数据收集、整合、洞察和行动四个部分。其主要优势包括六个方面：主客观数据分析、动态用户画像、用户旅程地图、数据分析模板、实时预警和定制 API 接口。

3.4.3 新时代新场景

当今的消费场景正在发生新的变化，尤其是年轻消费群体的涌现为新零售带来了新的机遇。而新零售是建立在大数据和智能分析之上的，它具备三个优点：提高效率、提高信用度、提升用户体验。大数据分析也推动着用户体验的不断迭代，现在的营销、调研和传统问卷从到访实验室观察的方式逐渐过渡到大数据分析，这是当今世界发展的必然趋势。

阿里巴巴率先推出了无人酒店服务，旗下盒马鲜生更被称为"阿里巴巴对线下超市完全重构的新零售业态"。通过抢占先机推出无人服务，阿里巴巴领先于竞争对手。同样，海底捞也推出了无人餐厅。相信在未来，无人驾驶汽车、无人商店和无人酒店也会逐渐走进普通人的生活中。如今，许多数据都会被留存下来，便于进行分析和提取。通过有效数据的应用，设计出更好的服务，提高用户体验。

在大数据驱动的时代，设计与科技需要进行融合。例如，苹果、华为、阿里巴巴、小米、特斯拉、奔驰等高科技公司也是设计公司，因为科技和设计已经密不可分。在当今，设计需要将科学家的科学之真、艺术家的艺术之美、人文学家的人文之善进行有效整合，将科研、艺术、人文变成软件或硬件产品，为社会和国家提供服务，提高人民的生活水平。在这个时代，不仅需要"绿水青山"，还需要"金山银山"，设计在其中扮演着重要的角色。数据驱动的服务设计可以使数据发挥作用，盘活数据，让数据为服务提供支持。

3.4.4 国际服务设计联盟专访

作者采访了全球第一位"服务设计"教授，也是国际服务设计联盟的创始人麦格（Birgit Mager）女士，以了解国际服务设计联盟的组织以及服务设计的重要性，如视频 3.3 所示。麦格女士一直致力于服务设计领域的理论、方法和实践的发展。她的多场演讲、出版物和项目都着重于推广一种新的视角，以实现经济、生态和社会领域的服务设计应用。

视频 3.3 国际服务设计联盟专访

视角一：国际服务设计联盟

周磊晶老师：请您介绍一下国际服务设计联盟是怎样的一个组织。

麦格女士：我是一名服务设计教授，自1994年起在德国科隆应用科技大学设计学院教授服务设计，成为全球首位该领域的教授。在过去的24年里，我一直致力于推广服务设计，并于2014年开始发展国际服务设计联盟。由于越来越多的机构和大学开始探讨服务设计，我于2018年开放了国际服务设计联盟，让所有对服务设计感兴趣的人都能参与。如今，我们有1500名正式会员，遍布全球，包括公司、机构和大学。

虽然这个数字对于新兴学科来说可能并不算多，但对于我们来说，这是一个快速发展的社团。作为一个国际组织，我们的使命是将服务设计推广为新常态。我们不断发布出版物、组织会议，并致力于建立更多的分会。目前国际服务设计联盟已在中国上海和北京建立了分会，我们希望未来能在中国建立更多的分会，推动服务设计在中国的发展。

视角二：国际服务设计联盟的日常工作

周磊晶老师：请您介绍一下国际服务设计联盟的日常工作。

麦格女士：我们正在将服务设计引入产业界。以往我们大多注重产品和技术的发展，但是现在服务已经融入很多产品和技术之中，成为它们的重要组成部分。只有通过提供优质的服务，人们才能从这些产品和技术中获得真正的价值。服务无处不在，不仅存在于公共和私人领域，还在制造业和新兴IT行业中发挥着关键作用，是构成一切的基础。我们希望创造服务设计的意识，让设计师们以非常有价值且有趣的方式来构建服务体验。

在过去，我们的经济不重视服务。经济学中有三大产业理论，包括农业、制造业和服务业，其中服务业经常被忽视。因此，过去并没有对服务的研究，也没有科学的关于服务设计的概念。

过去，公司往往只有产品和技术的研发部门，缺少专门的服务研发部门。随着经济的不断发展，我们对于服务的认知日益增强，意识到服务在我们的生活质量、健康、社会福利、娱乐、交通以及沟通等方面发挥着重要作用。可以说，服务无处不在。

视角三：服务设计的重要性

周磊晶老师：您认为服务设计的重要性体现在哪些方面？

麦格女士：我认为，要明确服务设计在生态体系内创造价值方面的影响至关重要。过去，设计师们并不强调影响力的测量，而更注重于创意和伟大的概念。然而，设计对公司或公共部门产生的影响是中长期的，因此，评估服务设计在沟通影响力和产业影响力方面的测量对于设计行业至关重要。

此外，服务设计对于产业界的真正转变是将焦点从企业内部组织结构转变为以用户为核心,并关注为用户提供价值。这是一种巨大的思维转变,需要进行战略上的改变,包括改变企业文化和组织结构。未来的重点应该是帮助公司在文化、结构和流程中实现思维方式的转变。

我最近对全球24家公司进行了一项有意思的研究,这些公司将服务设计放在创新实验室的中心,借助服务设计实现了组织的真正转型,并有能力进入新市场。因此,服务设计的设计思维可以帮助加速和管理这种变化,这在设计行业是一个重大的变化。

视角四:服务设计在中国的发展

周磊晶老师:请问您怎么看待服务设计在中国的发展?

麦格女士:在过去的六年中,人们对服务设计的兴趣不断增长,但目前感兴趣的用户仍然相对较少。然而,一旦中国社会形成对服务设计的认知,服务设计领域将会得到迅速发展。中国在选择热点领域并快速创新方面非常高效。现在,服务设计在中国市场正处于关键的发展时期,人们已经认识到服务设计的重要性,并开始实践。

许多大学正在开设服务设计课程,很多公司也开始寻求服务设计方案。此外,国际服务设计联盟正在建设中国总部,并推出认证教育项目,以提高中国服务设计的质量水平。我们对"临界点"这一概念非常感兴趣,相信在未来两三年内,服务设计将成为中国领域的重要力量。

小结

在当今社会,产品竞争愈加激烈,用户关注的不再局限于产品的材质、实用性和美观度等客观要素,而注重使用体验。好的设计需要建立在深入了解用户需求的基础之上,创造良好的使用心理环境,让用户喜爱使用产品,并通过使用产品实现自身的生活目标。

第4章 设计提升美感体验

引言

人类对于美的欣赏能力来源于自然的进化,来自本能。鲜花在春天绽放,意味着秋天就可以吃到果实,于是给人带来美的感受。外表和身材的美丽象征着一个人拥有健康的体魄。人类天生就有对美的追求。人们在观察人和物时,首先注意到的是其外表。同时,社会和文化的因素同样影响着人们对美的感知,比如艺术、音乐和文学等。美存在于设计的方方面面,一个个体的个性和创造力都可以是美的。

4.1 设计风格

风格是一种艺术概念,是指艺术作品在整体上呈现的有代表性的面貌。回望世界现代设计史,关于什么是美的风格的争论和运动,从来没有停止过。

4.1.1 工艺美术运动和新艺术运动

工艺美术运动起源于英国的一场设计改良运动,又被称为艺术与手工艺运动。19世纪的工业革命为市场带来了大批量的工业产品。然而，当时的艺术家和美术家看不起粗陋的工业产品。他们只为少数的权贵设计手工艺产品。当时公认的美是一种过分装饰、繁复华丽的维多利亚风格和巴洛克风格。艺术家们脱离日常生活，沉醉在古希腊和意大利的梦幻之中。工艺美术运动反对这种矫揉造作的装饰风格，提出真正的艺术是为人民创造的，服务少数人的设计对社会是没有用处的。

19世纪末，欧美又掀起了新艺术运动，影响了建筑、家具、首饰、服装、平面设计、书籍插图、雕塑和绘画艺术等，延续十余年。新艺术运动的初衷是反对当时的两股主流设计风格，即矫揉造作的维多利亚风格和完全新生的大工业产品风格。

4.1.2 现代主义设计

在现代主义设计运动之前，针对工业化的新时代，人们已经进行了多次对艺术和设计的探索，包括单纯追忆往事的工艺美术运动和"反动"意味十足的新艺术运动。现代主义设计不仅更迭了设计风潮，更加体现了对现代社会的反思，真正关心、服务于普通民众，实现了质的飞跃。现代主义设计是大机器时代的生产技术与现代艺术相结合的产物。

德国现代主义设计大师拉姆斯（Rams）阐述了现代主义设计的基本原则："简单优于复杂，平淡优于鲜艳夺目，单一色调优于五光十色，经久耐用优于追赶时髦，理性结构优于盲从时尚。"这种风格引领了世界范围内的设计潮流。家具和装饰越来越简单，设计越来越大胆，打破了古典的烦琐。现代主义设计主张形式追随功能，这在今天看来，依然是从事设计的一个好出发点。无论是飞翔的苍鹰、开放的花朵、蜿蜒的溪水，还是飘浮的云朵，其形式都是追随功能的。如果功能不变，形式就不变。这是存在于自然界的基本法则。

克拉尼（Colani）是一位善于向自然学习的设计全才。他设计的领域几乎涉及了人类社会生活的各个角落，包括航天器、太空飞船、飞机、汽车、家具，以及手表等。他被公认为"21世纪的达·芬奇"。仿生设计是他最突出的设计风格。他崇尚自然，认为自然是设计的源泉，对中国老子"天人合一"的哲学思想无比崇拜。克拉尼在他的仿生设计中揭示了自然界内在的美学规律。他的主导设计思想是取法自然、流线型和仿生学。他设计的飞行器看上去像一只鸟，如同一个有生命力的飞行器，而不是简单的外形仿生。他真正捕捉到了鸟飞行的内在原理，并借鉴这些最根本的机能和原理，对飞行器进行了重构设计。克拉尼的设计不仅外形美观，更符合空气动力学和流体力学原理，为许多飞机设计师打开新的视野，如图4.1所示。

现代主义设计中有一句经典口号——少就是多（Less is more）。这句话充满着德国人的严谨与理性。"少"不是空白而是精简，"多"不是拥挤而是完美。这种思潮认为美存在于精致的朴素中，那些非功能性的、过剩的装饰都应该完全摒弃。这种设计理念影响至今，也就是我们现在所推崇的简约设计。简约提倡的并不是单纯的简朴或简陋，它既不是"一无所有"也不是"多多益善"，而是"少量的有"。这个"少量的有"象征的是自发的个性选择和必要的去芜存菁。现代设计在形式与功能上重视用"少"的设计展现出更多样化的内涵。

图 4.1　克拉尼设计的飞机

简约设计有着丰富的文化内涵。中国古代道家宣扬"绘事后素"。也就是说，有好的素色白底，才能进行锦上添花，这是一种简约主义精神。日本设计由于禅宗理念的渗入，始终表现出一种自然的空寂。日本设计师把禅宗与设计的结合视为表现文化心理与审美感受的最佳选择。他们认为简单优于复杂，幽静优于喧闹，轻巧优于笨重，稀少优于繁杂。例如，日本的枯山水就是将一些细沙碎石铺地，通过在沙子的表面画上纹路表现水的流动，几乎不使用开花的植物，只选择一些苔藓和草坪。这些简单而静止的元素，被认为具有使人宁静的效果。日本的枯山水也是冥想的辅助工具。美国苹果公司的创始人乔布斯（Jobs），就是禅宗的忠实信徒。乔布斯从不信任市场调查或者集体讨论。他更多地依赖他个人的直觉。他终生保持禅坐冥想的习惯，禅宗对他的影响非常深，这从苹果公司一贯坚持的极简主义的美学风格可见一斑。简约是用最少的材料诠释最优雅的设计，苹果公司推出的动画广告展示了苹果的简约之道，如视频 4.1 所示。

视频 4.1 苹果动画广告

4.1.3　后现代主义设计

早期的现代主义设计否定了世界的多样性和丰富性，这使得人们对后现代主义设计的渴望变得尤为急切。后现代主义也有一句响亮的口号——少则生厌（Less is a bore）。后现代主义风格更像是一种娱乐。它强调设计师应该尝试利用当今的材料和技术，设计有意义并且优美的东西。

意大利著名日用品牌阿莱西（Alessi）的产品是后现代主义设计的典型案例。30年来，该品牌与超过200名顶尖设计师跨界合作，推出了600多个系列产品。很多设计充满了幽默感，比如，由美国建筑设计师迈克尔·格雷夫斯（Michael Graves）设计的快乐鸟水壶。其壶嘴上停立着一只塑胶小鸟，水烧开时能发出欢快的鸟鸣声。由意大利建筑师门迪尼（Mendini）设计的安娜开瓶器采用冷硬的不锈钢材质。安娜笑脸的造型，搭配活泼鲜艳的色彩，为产品注入独特的魅力。米兰工业设计师罗德里戈·托雷斯（Rodrigo Torres）设计了形似嗷嗷待哺的河狸的削笔刀。美国著名建筑师弗兰克·盖里（Frank Gehry）设计了一款水壶，将木头与不锈钢结合在一起。其木头部分形如飞跃的鱼，时尚又优雅。法国著名工业设计师飞利浦·斯塔克设计了一款苍蝇拍，将一张脸印在了苍蝇拍上。使用该产品时，用户追逐苍蝇，并将苍蝇直接拍打在"人脸"上，充满了喜剧效果。

1. 形式表现功能

后现代主义时期的设计观点是形式不应该仅仅追随功能，还应该表现功能。在现代主义设计时期，不同家电产品的外观和设计走向了一种趋同的设计风格。这种设计风格带来视觉上的乏味，也可能导致危险情况的发生。通过形式表现物体的功能，指的是产品的形态语意。1983年，美国工业设计协会将产品语意学定义为研究人造物的形态在使用情景中的象征特性，并将此应用于设计中，以保证信息的传递和设计意图的传播。产品语意学强调，产品的语意应该适应用户，这应该是不言自明的。

形式表现功能在设计运用中有许多案例，比如沙发设计一般都给人以稳重、松软的感觉，让人看了就想坐下去。尽管工程师们能够使用复杂的结构让唱片隐藏在机器中，但是胶片机和裸露的唱片始终让人着迷。传统的胶片机运用了音乐的语意，连续不断转动的同心圆，能够让人想到音乐的流动感。日本著名设计师原研哉,使用干净的白色布料制作医院的指示标识，试图用柔软干净的材质表达温柔的语意，有助于病人舒缓情绪，如图4.2所示。

图4.2　梅田医院指示标识设计

2. 形式追随情感

国际著名设计公司青蛙设计创始人艾斯林格（Esslinger）首次提出了形式追随情感。他认为人类天性中的感性方面，例如视觉、听觉、嗅觉、触觉和感觉，和理性方面一样重要。人们从色彩、质地、视觉和声音中获得美感。人们在选择住房、穿着、物品时，都无法忽视这种审美观的作用。艾斯林格的作品既保持了德国设计的严谨和简练，又带有后现代主义的新奇、怪诞、艳丽，甚至嬉戏的色彩。

他带领青蛙设计不断设计出新颖的产品，在高科技产品设计方面极具影响力。公司的业务遍及世界各地，包括苹果、微软、英特尔、IBM、惠普、麦肯锡、西门子、柯达、三星、索尼等知名公司，很大程度上改变了20世纪末的设计潮流。青蛙设计最经典的产品是其在1998年为苹果公司设计的电脑外壳，采用鲜明活泼、富有生机的外形和色彩，突破了传统电脑冷漠的外观造型，充满情感。青蛙设计还为苹果公司制定了白雪（Snow White）设计语言。这种像雾一样的白色，具有强烈的视觉风格，奠定了苹果公司产品的主色调。

尽管现代主义设计有一定的局限性，然而，其后出现的后现代主义设计目前并没有取代现代主义设计。后现代主义设计本身还不够完善，没有足够的社会条件使其壮大，并不能完全迎合社会的需求。"量"的积累不足，也就无法产生"质"的飞跃。后现代主义设计的一些理念影响了现代人对于美的认知。

4.2 形式美感设计方法

形式美感是艺术作品审美的本源之一，是艺术作品语言的组合方式，广泛存在于各种艺术门类中。美感是设计师永恒的追求。本节将详细介绍形式美感的设计方法。

4.2.1 三大构成

设计学科的基础要素少不了三大构成，即平面构成、立体构成、色彩构成。构成是将不同形态的两个以上的单元重新综合成一个新的单元，并赋予视觉化的概念。这是一个造型概念，也是现代造型设计的用语。三大构成最早来自包豪斯的基础设计教育课程，之后为全世界设计院校通用。设计师通过点、线、面的分解，对物质的色彩、材料、肌理进行深入学习，从平面和立体角度探索，寻找视觉中的变化与规律，将这些加以整合，从而形成独特的形式。

平面构成指的是视觉元素在二次元的平面上，按照美的视觉效果和力学的原理，进行编排和组合。点是平面构成中最基本的元素。点可以汇聚成线，线可以汇聚成面。从视觉效果来看，点是力的中心。一个点能标明位置；两个点可构成视觉心理连线；三个点可以构成三角连线；多个点可以使注意力分散，使画面出现动感。线是极具变化的，线有直线和曲线之分。一般来说，粗的、长的、实的线有向前突出感，给人距离较近的感觉；细的、短的、虚的线有向后退缩感，给人距离较远的感觉。直线给人明快、有力、速度感和紧张感。曲线给人优雅、流动、柔和感和节奏感。粗线厚重、醒目、有力，细线纤细、锐利、微弱。面是平面构成中具有长度和宽度的二维空间，在画面中起衬托点和线的作用。面分为用直线构成的面、用曲线构成的面，以及不规则的面。

色彩构成指的是利用色彩在空间、量和质上的可变性，按照一定的规律去组合各构成元素之间的相互关系，再创造出新的色彩效果的过程。对于设计师来说，色彩搭配与运用是必须掌握的重要技能。色彩是有表情的，色彩自身的表情体现在它所具有的各不相同的情感因素。比如，红色代表热烈、激情，蓝色代表理智、平静，白色代表单纯、无私，黑色代表神秘、沉重。

立体构成也称为空间构成，指的是以视觉为基础，以力学为依据，用一定的材料将造型元素按照一定的构成原则组合成美好的形体的构成方法。它以点、线、面、肌理为基础，创造出空间形态。

4.2.2 形式美法则

形式美法则是人类在创作美的形式的过程中，对于规律的经验总结和抽象概括。形式美法则主要包括对称与均衡、整齐与参差、比例与尺度、调和与对比、节奏与韵律、联想与意境。

对称可以在视觉上取得力的平衡，让人感到完美无缺，体现一种端庄和秩序美感。对称可以分为轴对称、旋转对称等。均衡是形式美的一种不对称的平衡状态。即使图形不对称，设计师也可以利用杠杆原理，通过形态的大小或者相互关系的调整，实现视觉上的平衡。

整齐是相同或相近的图形连续而有规律地反复出现，使画面给人以秩序感和统一感。参差是指在整齐中有明显变异对立的因素。

比例是部分与部分或整体之间的数量关系。恰当的比例有一种协调的美感，比如等差、等比、黄金分割、斐波那契数列等。这些与抽象的数学之美有着异曲同工之妙。尺度指的是人们在长期生产生活中总结出的方便自身活动的尺度标准。

调和指的是造型元素在内部关系中，无论质和量都相辅相成，互为需要，形成有秩序、有条理的平静和稳定的感觉。对比加强了差异性的处理，使调和的形象拥有了变化，是一种动态的美。

节奏一词具有时间属性，在设计中指的是同一视觉元素连续重复时产生的运动感。韵律指的是视觉元素以等比或者等差数列排列，从而产生音乐般的韵律感。节奏和韵律充满生机，也具有一定的空间感和现代感，一般有渐变构成和发散构成。

联想是思维的延伸，是由一种事物延伸到另一种事物上。任何视觉元素都会产生不同的联想与意境。由此产生的图形的象征意义作为一种视觉语意，被广泛地应用在设计中。

这六大形式美法则贯穿于所有的美的设计中，是所有设计师的设计基础。特定的视觉形态和构成方式能够给人们带来特殊的视觉美感，营造出秩序之美、理性之美、抽象之美、韵律之美。总而言之，形式美感的设计法则通常来说都不是单一使用的，而是互相结合，灵活搭配的。设计师需要不断欣赏、感受大量优秀设计作品，从而提升对美的感知。

4.2.3 情绪板

前文提到后现代主义追求"形式追随情感"。在此基础上，情绪板这个视觉设计方法应运而生。情绪板指的是设计团队基于用户研究或者团队讨论，收集要设计的产品和相关情绪的色彩、图片、影像及其他材料，并以此作为设计形式的参考。它可以帮助设计师明确视觉设计需求，用于提取配色方案、视觉风格，为设计师提供灵感。

4.3 信息可视化

处在信息时代的人们，每天都要面对海量数据。刷微博、逛淘宝、百度搜索，各种新闻和广告扑面而来。由于快速的工作和生活节奏，人们稍不留神就会被信息湮没。因此，在短时间内获取和理解信息已经成为现代人必备的一项能力。

信息可视化指的是利用图形图像方面的技术与方法视觉化地呈现信息。人类的大脑天生就喜欢图像。可视化不仅是为了美观，还能够提高用户对信息的接收和处理能力。信息可视化有助于人们梳理大量信息，并以简洁、有趣、直观的可视化方式展示给用户，方便用户快速厘清复杂的信息，就是俗话说的一图胜千言。用极美丽的形式呈现可能非常沉闷繁冗的数据，这是创造性设计美学和严谨的工程科学的卓越产物。这种表现和创作过程完全可以称之为艺术。

信息可视化涉及的内容非常广泛，包括柱状图、趋势图、流程图、树状图等。它们都属于信息可视化最常用的可视化表达。此外，信息可视化还包含一些非数值型信息的可视化。

4.3.1 信息图

信息图（Infographic）是当今最流行的信息可视化的展示方式。它本身是一个合成词，由信息和图两个词组成。信息图最早被使用在报纸和新闻类杂志上。随着技术的发展，大量信息图出现在了以互联网为主的电脑、电视、手机、大屏终端等更多类型的电子媒体上。

信息图主要分为图解、图表和图形符号，如图 4.3 所示。

弧线图	面积图	条形图	箱形图	脑力激荡图	气泡图
气泡地图	子弹图	日历	蜡烛图	弦图	地区分布图
圆堆积	连接地图	密度图	圆环图	点示地图	点阵图
误差线	流程图	流向地图	甘特图	热图（矩阵）	直方图
说明图	卡吉图	折线图	不等宽柱状图	多组条形图	网络图

图 4.3 信息图

图解，是运用插图对事物进行说明，比如解释和描述复杂产品背后的工作原理。高水平的设计师能够通过信息图解构产品，例如相机、手机甚至一个网站或者 App 的逻辑层次和工作原理。图解也可以用来解读任何复杂的学科知识。

图表，是用图形、线条和插图等，阐明事物的相互关系，是可视化重要的表现形式。图表常常被用来展示调查数据。不同的表达对象造就了多样的图表类型。常规的统计报告充斥着大量枯燥的数据，让人望而生畏。信息图能够快速、简洁、直观地展示报告中的信息亮点。

图形符号（Icon），指的是不使用文字，运用图画或者图标直接传达信息。图形符号具有通用性，指代的是一类事物。

信息图的主要制作流程包含了获取并理解信息、创意构思和视觉设计。

在获取并理解信息的阶段，设计师需要对信息对象进行全面的了解。了解信息的方法是不断地提出问题，在时间、地点、人物、事件、流程、原因等基础问题下往往还能引出更多的问题。问题越多意味着对问题的思考越全面。这个阶段也可以用到一些定性定量的研究方法。

创意构思阶段是全流程中最关键、最困难、最有趣的阶段。设计师一般会绘制大量创意草图以确定表达视觉图形的最佳方案，主要考虑信息图如何引导读者、如何引发读者思考、如何得出结论、是否有数据分析的结论、图表和故事的契合度、故事的脉络是否清晰等方面。

在确定了信息图主要的表现形式之后，最后一步是视觉设计。视觉设计阶段需要考虑以下细节：

（1）不要铺陈数据，要学会提炼对比；

（2）信息的表达要有层次，可以通过设计元素的大小、长宽、颜色、位置来表达层次；

（3）数据和信息要有一定的精确度；

（4）要标注来源，不要出现太多与表现信息不相干的内容。

检验信息图的最佳方法是邀请用户看是否能独立理解图表。信息图是一个重要的工具，能在教学、商业等多个领域给予参与者灵感和信息展示。它是帮助用户处理复杂数据的主要方法之一。

4.3.2 交互式信息图

信息可视化的主要形式还包含交互式信息图，即用户通过一定的操作，自主选择观看特定的信息。例如，用户可以在网站上互动体验日本畅销少女漫画《魔卡少女樱》的故事情节和人物关系。该设计色彩鲜明，就像少女漫画一样优美。最重要的是，它可以根据用户选择展示特定的信息。

某个数据网站用交互式信息图的形式，动态展示了食物的发展趋势。辐射图由内而外表现的是某种食物每月的搜索次数。可以看到，每一种蔬菜、水果、菜品或饮料都有自身的标志性和季节性图标。有些食物是与自然季节联系在一起的，比如蓝莓在六七月份的搜索量特别大。有些食物和特殊的节日联系紧密，比如水果沙拉在感恩节和新年的搜索量是平常日子的四至五倍。有些食物是全年流行的，比如芒果在每个月的搜索量基本相同，并呈现逐年上涨的趋势，如图 4.4 所示。

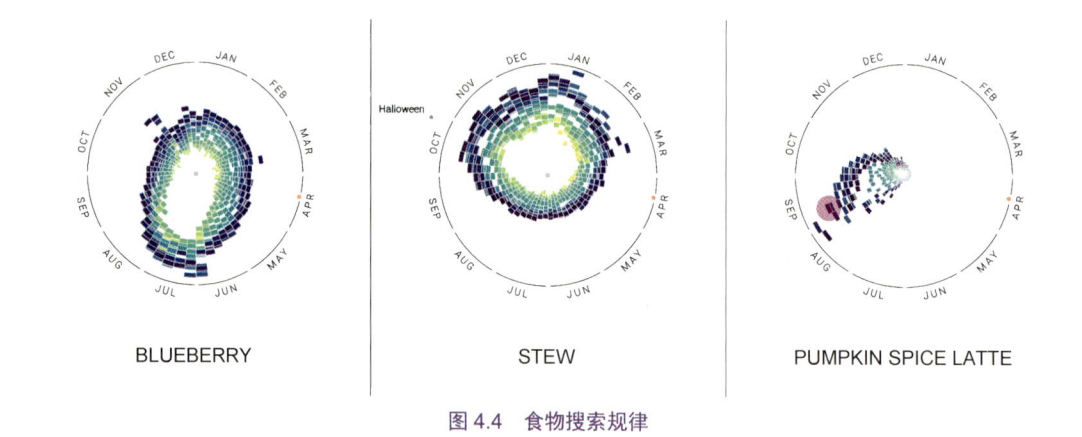

图 4.4　食物搜索规律

随着信息技术的高速发展，信息的接收和传递不断突破时间和空间的障碍，人们对于信息的认识和感知的方式也呈现出了多样化。交互式信息可视化改变了用户的阅读方式，转化成为一种化静为动、动静结合的信息获取方式。信息可视化视觉界面的动态性增强了信息传递的效率，同时也使数据充满了活力与张力，如视频 4.2 所示。

视频 4.2　信息可视化动画

讨论题

请分享一个优秀的信息可视化案例，可以是图解、图表、交互式信息图、动画视频等。

4.4　多感官体验设计

美学通过感官影响人对产品的感觉，而感觉影响人的行为和对产品的印象。人类有五种感觉通道，即视觉、听觉、触觉、嗅觉和味觉。为什么要使用多感官进行交互体验呢？大量心理学和生理学研究表明：人的五感产生的联觉反应是人体接收某种单一感觉所带来的信息量的数倍。多感官体验设计的目的是充分调动大脑的积极性，给大脑多方位的刺激，最终让用户对产品印象深刻。

举个例子，日本著名设计大师深泽直人曾为无印良品设计了一款 CD 播放机，这成为他设计生涯中的一个经典产品。使用拉绳控制电灯亮灭，这是很多人的童年记忆。这款 CD 播放机应用了类似的拉线开关。用户拉下开关线，CD 就会开始转动，音乐飘然而出，充满整个空间，就像是突然吹起来的凉风，又像是洒满屋子的灯光，如视频 4.3 所示。深泽直人调动了人们的视觉、听觉和触觉，唤起了人们拉线的行为记忆，营造了"通感"体验。不同感觉通道的组合，可以带来意想不到的奇妙效果。

视频 4.3 CD 播放机

4.4.1 视觉

人类五官中，视觉是最为重要和直接的感官之一，通过视觉所获得的信息占据了人们日常生活中接收到的信息的三分之一。在我们的日常生活中，视觉无处不在。人们在不经意间通过视觉接收并处理了大量信息，比如产品的颜色、形状、大小、材质等。因此，视觉成为人们与产品进行交互的最为直观和常见的形式，也成为设计师最为注重的感官之一。设计师通过对视觉感官的研究，可以更好地了解人们对产品的认知和感受，从而更好地进行产品设计。同时，视觉感官也是被研究得最多的感官之一。各种科学研究表明，人们对各类视觉元素的感知和认知都有其独特的规律和特点。视觉研究不仅能够帮助设计师进行产品设计，还能够帮助我们更好地了解人类感知和认知的本质规律，推动人类认知科学的发展。

4.4.2 听觉

听觉是人和外界交互的一种重要方式。用语言表达想法是人类的一种本能反应。在特定场景下，比如驾车、做饭或设备暂时不在手边时，人们通过语音输入输出可以更加快捷方便地获取想要的信息。声音交互技术已经发展成熟，比如苹果的 Siri 和谷歌的语音助手。

音乐在人们情感生活中起着特殊的作用。声音值得被认真设计，它可以是幽默的、富有信息的、有趣的、振奋人心的或者使人高兴的。调动听觉感官能够让用户感受到新奇的、意想不到的艺术互动方式。

视觉和听觉结合的案例很多，比如在世界各地巡回展出的多感官体验展"梵高在世"，如图 4.5 所示。3000 多幅梵高名画和书信手稿以崭新的多感官互动的方式展出。设计团队将多屏幕投影技术和梵高的绘画艺术相结合，配合不同的声音及交响乐，打造出振奋人心的梵高艺术展。

图 4.5 "梵高在世"多感官体验展

4.4.3 触觉

婴儿早在还没睁开眼睛的阶段，就开始通过触摸周围的物体来感知环境。触觉是人类获取外界信息的重要渠道。人们使用触觉感官进行交互，能够获取材质、温度、硬度等其他感官无法获得的独特性质和感官刺激。

任天堂 Switch 游戏机为玩家提供了游戏中触碰和打击的触觉反馈，让玩家真实地感受游戏中的人物情绪和环境氛围，提升了玩游戏的感官体验。日本设计师原研哉在设计长野冬季奥运会的节目单时，选用了一种白色松软的纸，如图 4.6 所示。这种纸采用压凹和烫透的表现技法，使得文字部分凹陷下去。凹陷部分呈现半透明的状态，摸起来有舒适的肌理感，让人自然而然地联想到"冰雪"的感觉。大量面向盲人和视弱人群的无障碍设计都调动了用户的触觉感官体验。

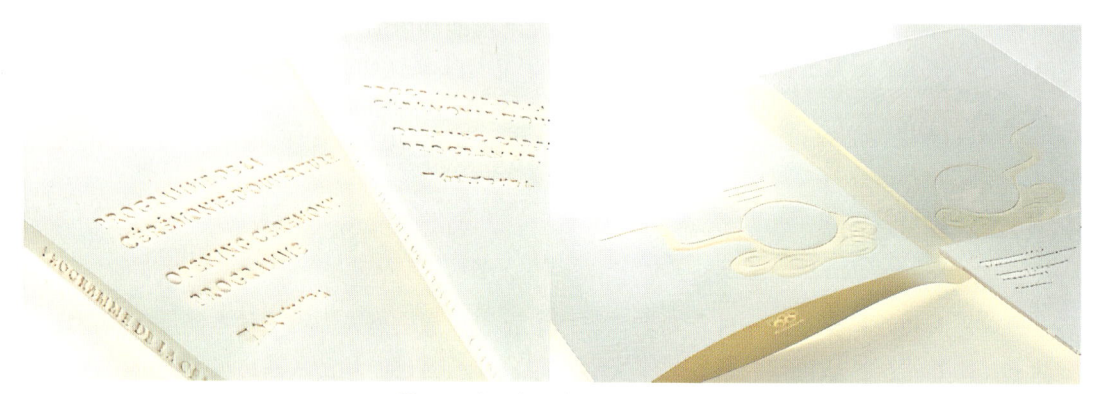

图 4.6 长野冬季奥运会的节目单

4.4.4 嗅觉

气味的感觉最不容易被遗忘。气味不仅是最复杂、最有挑战性的人类感觉，也是帮助人们提取有用信息的有力媒介。

华硕曾经推出过一款炫彩香味笔记本电脑，在电脑外壳中植入了多种香料，让人们在使用产品时，可以享受外壳散发出的淡淡馨香，打破了传统设计的局限。国内首家立足于数字气味技术的公司气味王国通过追寻气味底层的共性位置，建立数字气味词典，如视频 4.4 所示。其数据库已经有 1700 多种气味，涵盖了人们生活中所需的大部分日常气味，如血腥味、火锅味等。气味王国设计了气味电影播放器和 VR 气味播放器。借助气味电影播放器，人们在观看主人公漫步草坪的电影片段时，可以闻到青草和玫瑰的香味。在新媒体艺术领域，英国的感知技术公司研发的交互气味输出装置可以根据人的情绪散发出一系列的香味。这个概念将生物技术和感官研究结合起来，融合了触觉、视觉和嗅觉，以产生更自然的交互，如图 4.7 所示。

视频 4.4 气味王国

图4.7 交互气味输出装置

4.4.5 味觉

食色性也，味觉是非常重要的感觉体验。婴儿会把东西含在嘴里来感知世界，包括指头、玩具和各种各样的食物。味觉是唯一一种需要人们的舌头主动参与的感觉。

很多设计师尝试探索用视觉来增强味觉体验，如视频4.5所示。荷兰设计师为特定的食物设计了不同造型和色彩的器皿，让饮食变成更精致的艺术。日本设计大师佐藤大跨足食品界，设计了一系列造型超酷的巧克力，每一块巧克力都有独特的立体结构。佐藤大还设计了一款巧克力瓶，配套的迷你试管中装满了各种不同口味的糖果。用户可以将试管中的糖果倒入巧克力瓶中，搭配出自己喜欢的口味。整款设计惟妙惟肖，瓶塞用白巧克力制作而成，通过后期的熏制工艺，还原了木塞的颜色。他还设计了用巧克力外壳包裹着的"油画颜料"，其中的颜料不是真实的，而是不同口味的果酱。

视频4.5 味觉体验设计

也有研究者和设计师采用另一种思路，通过味觉来触发视觉变化。皇家墨尔本理工大学的设计团队开发的荒岛逃生VR游戏巧妙地让用户通过吃真实的食物获得能量，以便在游戏中逃生。设计师透过设计展现出来的对食物和味觉的反思与关怀，将掀起一场超越感官的味觉革命。

本节从视觉、听觉、触觉、嗅觉和味觉这五个方面分享了一些设计案例和最新研究应用。如何实现更自然的交互并提供更好的多感官体验，将成为通感设计在未来需要持续关注的问题。

讨论题

请分享一个优秀的食物设计案例，可以是食物的再设计，也可以是食物的器皿设计、就餐环境设计等。

4.5 情感化设计

随着科技的发展、人们消费需求的提高、市场竞争日益激烈，用户对于产品的预期不仅是满足基本需求，还关注他们的情感体验是否得到了满足。这是一种更开放、互动的经济形式，强调产品给用户带来的独特的审美体验。设计大师飞利浦·斯塔克曾直言："我并不关心我的设计看上去是什么，我只关心它们在人们心中引起的情感。"

想象一下，如果一个产品给人的感觉是机械的、冰冷的、毫无人性的，它注定不会获得用户的喜爱。当设计师把情感注入产品，美化产品外观时，人们对产品的喜爱自然会与日俱增。成功的产品关注的是情感，比如脸书（Facebook）推出的暗恋功能就很好地激发了用户的情感。同时，优秀的情感化设计可以掩盖用户体验的不足。比如，界面干净清新的豆瓣和知乎被认为具有优秀的用户体验，其在细节上的微小不足往往容易被人忽视。

一系列关于情感的研究结果表明：美观的物品让人们感觉良好，而这种感觉可以反过来促进人们更具创造性地思考，让人避免将注意力过多集中在烦人的细节上而产生焦虑情绪，从而使产品感觉上更加好用。情感化设计一词最早是由唐纳德·诺曼在《情感化设计》中提出的。这本书从知觉心理学的角度揭示了情感化设计的三个层次，即本能层、行为层和反思层。

4.5.1 本能层

在本能层中，产品的外形、形态、物理手感、材料质地、重量等都是重要的元素。人是视觉动物，对外形的观察和理解是出自本能的。视觉设计越符合本能水平的感受，就越可能让人接受并且喜欢。本能水平的感受指的是当下的情感效果，比如摸着舒服、看起来好看。

日本产品设计大师深泽直人设计了一组果汁包装，色彩鲜艳。包装模仿了每种果皮的肌理，在触感上也描摹得惟妙惟肖。他用植绒技术把纤维固定在包装盒上，模拟猕猴桃表面的毛皮。对于用户而言，色彩鲜艳、触感真实的包装能够瞬间激发食欲。本能层是人类发育最原始的一个部分，伟大的设计师能够利用人们本能层的美学素养激发用户的本能反应。

4.5.2 行为层

在行为层中,设计讲究的是效用,也可以理解为使用的乐趣和效率。通过某个产品,用户能否有效地完成任务,是否拥有一种有乐趣的操作体验,这是行为水平设计需要解决的问题。优秀产品的行为层设计具备四方面内容,即功能性、易懂性、可用性和物理感受。在大部分行为层的设计中,功能性是首要的。

抗焦虑魔方(Fidget Cube)是一款桌面减压玩具。它比骰子大,比魔方小。它有6个面,每个面都有一个不一样的小部件,可以让用户玩个痛快。这款产品从人们的日常情绪情感出发,通过有效的心理暗示调节人们的情绪,既可以消除办公时的烦躁不安,也能帮助人们集中注意力和提高工作效率。行为层的设计是用户决定愿不愿意继续使用产品的关键,也是提升用户体验最关键的部分。

4.5.3 反思层

反思层的设计与物品的意义有关,同时受到环境、文化、身份认同等的影响。描述反思层最好的成语是"触景生情"。设计师要看透本质,求其根本。比如,人们出去游玩时都会热衷于购买当地的纪念品,买回去自己收藏或者馈赠他人,往后看到纪念品就会想起游玩的一段记忆。当朋友间看到互赠的礼物时,就会想起相互之间的一些往事。很多时候纪念品不单单是一个物品,它是唤起用户一段记忆的重要线索,具有丰富的情感意义。

反思层设计的真正价值在于满足人们建立其自我形象和社会地位的需要。这一层次与用户的长期感受有关,有助于建立品牌或者产品长期的价值。只有在产品、服务和用户之间建立起情感的纽带,通过互动影响自我形象、满意度、记忆等,才能在用户心中形成对品牌的认知,培养其对品牌的忠诚度。品牌因而成了情感的代表或者载体。更炫更酷的视觉设计,不只是本能层的设计,还能带来更年轻、更时尚的感觉。更多更强的功能,也不仅是行为层的设计,还能给人以更专业、更优秀的感觉。斯沃琪(Swatch)品牌提出:"人们应该像拥有多条领带、鞋子甚至衬衫一样拥有多块手表。用户应该变换手表以匹配自己的心情、活动,甚至每天的时间。"品牌名字本身也蕴含着第二块手表(Second Watch)的意思。斯沃琪设计团队跟很多知名设计师合作,推出了各种年轻时尚的款式,支持用户进行个性化定制。跟其他瑞士手表品牌不同,斯沃琪手表有着运动、健康、帅气、传统的风格,动感十足,集新型材料和惊喜的设计于一体,带给人们一种全新的观念:手表不再是昂贵的奢侈品和单纯的计时工具,而是一种戴在手腕上的时装。

人们对美的认知更多在反思层,因为受到了环境、文化、身份认同等影响。人们对于同一事物的情感也会慢慢改变。埃菲尔铁塔是现代工业文明的结晶,是巴黎的地标性建筑。在一百多年前,埃菲尔铁塔建成的1889年,当时的人们还没有从古典的手工业的装饰趣味中脱离出来,本能地觉得铁塔是个大怪物。人们的情感系统对这种超时代的、前卫的形式会本能地产生危险的感觉，而认知系统又没有能力很好地诠释它。在这个前提下，当时的巴黎专家宣传铁塔上的灯光会杀死塞纳河中的鱼，数学家则预言铁塔盖到一定高度就会倒塌。这些评价的产生源于埃菲尔铁塔已超出了人们的理解能力。经过时代的发展，人们才开始感受到这一设计所体现的现代文明之美，以及其所代表的文化象征。

本能层设计关注外形，行为层设计关注使用的乐趣和效率，反思层设计则考虑产品的合理化和理智化。这三个不同的维度在任何设计中都是彼此相织、同时存在的。它们也会与认知和情感交织。外星人榨汁机（Juicy Salif）是飞利浦·斯塔克最著名的作品之一。在本能层，它造型感极强，给人带来新奇的感觉。有人说像外星人，有人说像蜘蛛。自它在 1990 年被推出，便一举成为时尚的象征，被摆放在风尚人群的居室中。在行为层，它不符合一个传统榨汁机的功能。曾有用户用它来榨柠檬，柠檬的酸性汁水腐蚀了榨汁机，让本来具有光泽感的银色变成了黑色。在反思层，这款设计却充满了对经典设计和设计大师的致敬，标榜了用户的设计品位。人们所选择某个产品，不只关注它的实用价值，还关注它与人们之间建立的情感联系，代表了人们的审美、性格、爱好。

情感化设计的目标是在人格层面与用户建立关联，使用户在与产品进行互动的过程中产生积极正面的情绪。这种情绪会逐步使用户产生愉悦的记忆，从而更加乐于使用产品。同时，情感化设计也是一种创意工具。通过在设计中加入情感，使其在用户与产品之间建立一种良性的沟通关系，能够表达和实现设计师的思想。这种创意工具将会越来越重要。

4.6 游戏设计

4.6.1 游戏分类和游戏机制

游戏主要分为现实活动性游戏和电子游戏。现实活动性游戏是指人类在现实生活中玩的活动，比如捉迷藏、放风筝、吹泡泡等。针对不同的游戏设备，电子游戏可以分为电脑游戏、家用机游戏、网页游戏、手机游戏、VR 游戏等。针对不同的玩法，市面上的主流电子游戏可以分为角色扮演游戏、冒险游戏、策略游戏、即时战略游戏、格斗游戏、射击游戏、益智游戏、体育竞技游戏、竞速游戏、卡片游戏、桌面游戏、音乐游戏和多人在线战术游戏等。

电脑游戏内容庞大，操作复杂，上手难度高，对玩家（用户）的专业性要求高。近年来，手机游戏得到了蓬勃的发展。它突破了时间和空间的限制，把人们领入了一个可以自由移动、随身娱乐的时代。手机游戏一般容易上手又不用投入太多时间。相比传统的网页游戏，手机游戏开发成本低、难度小。以《愤怒的小鸟》为例，它由芬兰一家公司的四人团队开发完成，投入成本不到 10 万美元，却已产生了数十亿美元的收益。家用机游戏又名电视游戏，是一种用来娱乐的交互式媒体，更适合家庭成员和朋友之间一起互动欢乐。主流的游戏主机有任天堂游戏机（Switch）、微软家用游戏机（Xbox One）和索尼的游戏站（PlayStation）。以任天堂游戏机 Switch 为例，它拥有靓丽的外形和分离式的手柄，从而支持更多玩法。在 Switch 之前，几乎没有任何便携设备可以支持一台机器多人游戏。Switch 突破了以往的掌机模式，大大提高了游戏机的交互性和乐趣，被大众认为具有划时代的意义。VR 游戏需要借助虚拟现实头盔，无论玩家怎么转动视线，都始终位于游戏的虚拟世界中。VR 游戏被普遍认为拥有更好的沉浸式体验感。

目前有一种主流的游戏设计趋势，即把现实活动性游戏和电子游戏进行融合，既能让玩家有更强的互动感和参与感，同时又能保证视觉和听觉的完美体验。Labo 是任天堂实验室以制作、游玩、探索为设计理念开发的游戏道具，把零件纸板砌成的组合套装和 Switch 的手柄组装在一起，如视频 4.6 所示。该设计被《时代》杂志评为 2018 年最佳发明。Labo 系列最新推出的 VR 套装，可以将 Switch 转变为一个 VR 眼镜，并跟其他 Labo 产品组合，开发出更丰富的玩法，如视频 4.7 所示。在人机交互顶会 CHI 上有一个设计，研究者把 VR 游戏和玩沙子的体验结合，唤起了每个人在沙滩边堆城堡的美好童年记忆，如视频 4.8 所示。

出色的游戏应该重视玩家的心声，应该呈现出以玩家为中心的设计理念。技术的变化是日新月异的，追赶技术并不是设计的重点。设计师需要挖掘游戏本身带给人的价值，比如带来快乐、成就感，或者增进与亲人和朋友的关系。有一款很有创意的游戏叫《翩翩起舞》（Bounden），如视频 4.9 所示。它的玩法并不复杂，要求两位玩家同时在移动设备上进行，彼此相互配合。随着游戏的进行，手机上动态的画面会舞动起来，时而绽放、时而收拢，两位玩家随之身体旋转，脚步移动，仿佛翩翩起舞，充满美感。

视频 4.6 Labo　　视频 4.7 Labo VR

视频 4.8 沙盒游戏　　视频 4.9 翩翩起舞

各种游戏尽管类型不一样，却拥有很多概念上和逻辑上的相似性。游戏设计师周郁凯（Yu-kai Chou）[①] 提出了八角行为分析法，从八个角度阐述了玩家玩游戏的行为动机。每种动机都可以衍生出相应的激励机制。

（1）历史意义和使命感。比如《王者荣耀》中有各种各样的人物与英雄，就是为了让玩家充满使命感、召唤感。

（2）进度和成就。玩家通过挑战积分、得到勋章、上排行榜获得成就感。这三大法宝体现了玩家的成就和进步，是玩家炫耀的资本。

---

① 周郁凯：美籍华裔，企业家、作家、演说家和企业顾问。

（3）创造力的发挥和反馈。在游戏《我的世界》中，玩家是在创造一个世界，能让玩家为展现自我而流连忘返。玩家会认为自己做出来的东西更有价值，在游戏过程中也不会轻言放弃。

（4）拥有感和占有感。《精灵宝可梦》的全套角色和隐藏角色，会激发玩家收集的渴望。

（5）社交影响和联系。《魔兽世界》需要玩家组队玩，各自协调专长，最终完成任务。这可以让玩家拥有固定登录的动机。同时，在社交媒体上分享等级和排行榜，得到朋友的称赞，能让玩家斗志昂扬。

（6）稀缺性和渴望。物以稀为贵，限量发行、限时发售的饥饿营销一直很有效。

（7）未知性和好奇心。游戏中给玩家设置一些未知的惊喜和秘密的任务，会让玩家乐此不疲。很多角色扮演游戏都有寻找宝藏的故事情节，也会存在一些隐藏剧情，需要玩家通关多次才能发现彩蛋。

（8）损失和逃避心。在跑步游戏《僵尸大逃亡》中，玩家为了避免被僵尸感染要尽力奔跑，从而能达到瘦身的效果。

4.6.2 游戏化设计

游戏化设计是将游戏中有趣的和令人成瘾的元素提炼出来，并运用于现实世界或生产活动的过程。用户参与游戏化的情景或产品场景，通过自己的努力获得成果，比如奖励、等级、社交奖赏、成长等，从而获得完整的用户成长体验。在这个过程中，用户会更容易进入心流状态，也会在不断的自我突破中获得高峰体验。严肃游戏应用了游戏化的设计思路，将游戏内容换成了专业知识、技能训练，目前在教育领域应用较为广泛。比如一个火灾撤离游戏，通过模拟火灾现场，可以教授用户怎么顺利逃出火场。

游戏化不仅可以应用在教育、公益领域，也可以应用在商业领域。支付宝的《蚂蚁森林》是一款非常成功的游戏化产品。对于用户来说，其参与游戏的成本很低，能量的产生来源于日常对支付宝的使用。游戏的短期反馈是能量增加的愉悦感和能量被偷的不甘心，刺激用户时不时地来关心下自己和朋友的能量。游戏的长期奖励与现实结合。当用户在游戏中种下一棵树时，支付宝就在现实中种下一棵树，让用户感觉到自己为祖国的绿化事业做了贡献。而支付宝通过《蚂蚁森林》的公益性质，增强了产品的用户黏性，优化了自身的品牌形象。

无论是游戏设计，还是游戏化设计，以娱乐为目的去设计产品，可以让生活变得丰富和快乐。这是一种积极的情感态度，会让用户不由自主地沉迷于有趣的产品中。

4.6.3 腾讯游戏专访

从商业化的角度而言，腾讯游戏无疑是一家成功的游戏公司。在 2022 年世界游戏公司排行榜中，腾讯游戏位列游戏收入第一，一年达百亿元收入。作者邀请并采访了开发过《绝地求生》《和平精英》《自由幻想》等游戏的腾讯游戏光子组设计总监喻中华，如视频 4.10 所示。

视频 4.10 腾讯游戏专访

1. 关于游戏设计的思考

周磊晶老师：作为腾讯游戏光子组的设计总监，请您分享一下您在游戏设计时的一些思考。

喻中华总监：游戏设计的范畴很广。游戏设计的过程类似于创造迪斯尼乐园的过程。每一款游戏的核心内容是它的世界观，这在游戏设计中非常重要。

其次是它的核心玩法，指基于这个世界观的核心玩法设计。此外，包括外延的一些系统，比如社交系统。社交系统很庞大，会扩展到游戏里的好友社交，包括熟人社交和陌生人社交。在这方面，腾讯有关系链的优势：熟人社交，比如微信好友关系链之间的社交、手机 QQ 关系链之间的社交；陌生人社交一般会有帮派或者军团的形式。有了人和玩法这两个因素，设计师可以基于游戏做更多好玩的东西，甚至可以做一些游戏类的直播。基于主播和粉丝的系统，可延展的玩法会更多。不同的用户群会有不同的玩法延展方式。

关于 UI 设计，腾讯游戏是非常专业的，从 2003 年开始就做游戏，积累了多年的游戏设计经验。岗位非常细分，UI 设计包含交互设计、视觉设计和动效设计这三个岗位。交互设计需要跟策划的玩法结合，它和一般的互联网交互设计不同。游戏交互设计要更好地帮助玩家更深入地理解世界观，理解玩法。在玩的时候，操作要非常有沉浸感。视觉设计则会基于世界观做设计元素的创新或者继承，或者再去做更多的延展，就是做二次创新、二次包装。现在手机游戏的 UI 比一般的主机和端游的游戏 UI 更流畅。为了实现这种流畅的效果，动效设计应运而生，它是有故事性的。设计师基于世界观和游戏故事做 UI 设计时，会有静态的展示。但仅仅有静态展示是不够的，动态引申会让故事更生动。

2. 关于欢乐斗地主的设计

周磊晶老师：光子组开发了很多基于传统玩法的游戏，比如棋牌游戏。棋牌游戏其实已经存在很多年了，腾讯游戏的《欢乐斗地主》一直非常受欢迎。请您介绍一下关于这款游戏的设计思考。

喻中华总监：《欢乐斗地主》这款游戏有很多年的沿革。我接触这款游戏的时候，它已经成了一款经典的棋牌游戏。我们团队后续设计的核心是加强它在手机上和玩家的交互感。比如王炸的时候，有个炸弹炸到桌面上，让玩家觉得我这个牌效果超群。我们用动效设计去渲染这种玩家打出王炸的爽快感和无敌感，让玩家压抑的情绪在这一刻得到释放。有一个定律名为峰终定律，是指在经历一件事情的时候，最高潮和终点会决定回忆这件事情的印象。峰终定律在游戏 UI 里有很大的应用，把玩一局斗地主的最高潮渲染到极致，用户才会记住这个游戏的体验。

3. 手游和端游的 UI 设计差异

周磊晶老师：请您介绍一下您对手游和端游之间设计差异的理解与考量。

喻中华总监：端游和手游的 UI 设计有很大的不一样。因为端游时代技术限制很多，大家会比较愿意接受以前视窗操作系统（Windows）的操作氛围，容忍度较高，不会觉得流畅、效果好是一件非常重要的事情。

但是在手游时代，很大一部分时间玩家都在跟 UI 打交道。手机游戏屏幕比较小，玩家会通过 UI 去了解里面的新的系统。所以手游时代的用户更加追求 UI 的炫酷时尚。

游戏 UI 需要代表游戏的世界观。如果是一个古代题材或者二次元题材的游戏，它渲染的氛围不会仅仅停留在时尚感中。因此，怎样把时尚感和游戏主题做好结合，是现在很大的一个难点。

4. 游戏用户调研

周磊晶老师：请您介绍一下，在追求游戏设计风格的过程中，您会做怎样的调研以及是如何实践 UI 设计的。

喻中华总监：其实游戏的研发永远是一个研究和创意结合的过程。在玩法、美术设计和 UI 设计上都是一样的。

腾讯是非常重视用户体验的，腾讯游戏也非常重视用户体验。所以在游戏研究这一块，专门有一个大部门。在立项之前，我们会研究产品的品类，在确定了市场前景后才会去立项开发一款游戏。在开发的过程中，我们会设定目标用户。目标用户分为核心用户、次核心用户和泛用户。因为腾讯游戏的用户量是非常大的，哪怕是一款 RPG 游戏，DAU[①] 往往都有几百万。面对这么大用户量的时候，我们不会只研究核心用户，同时也会研究次核心用户和泛用户。在研究完成进行设计时，会去权衡哪款游戏角色是为核心用户开发的、哪款角色是为次核心用户开发的。有一些角色对 IP 的渗透不深，那它可能是为泛用户提供的。

5. 对未来游戏从业者的建议

周磊晶老师：游戏开发这个行业现在在蓬勃发展，越来越多的设计类学生毕业之后想从事游戏开发这个行业，请您为他们提供一些建议。

---

① DAU：Daily Active User 的简称，指日活跃用户数量。

喻中华总监：我认为每一个人都有一颗童心，哪怕是 80 岁的老人。而童心中很大一部分就是爱玩，爱去探索。我认为保持一颗探索的心对游戏开发来说是非常重要的。有很多的假设可能生活中没办法实现，但是可以通过开发一个游戏去假设、去创造，并去观察在假设的这个机制下，玩家进来之后会有什么样的表现。我认为这个探索是很重要的。

6. 自身的游戏经历

周磊晶老师：作为一个游戏设计师，请您分享一下您玩游戏和设计游戏的时间分配比例。

喻中华总监：其实游戏行业的从业者，不管是哪个岗位的人，应该都是因为热爱游戏才进入这个行业的。部门很多同事都是因为小时候或者上学的时候玩过很多念念不忘的游戏，然后自己想去对游戏做一些改变，抱着这样的一颗心来开发游戏的。所以，很多人只要一有时间就会去玩游戏，具体而言就要看时间分配了，不同岗位也不一样。比如游戏策划岗位，他们对游戏玩法的研究很深入。策划岗位和其他的美术岗位或者市场研究岗位是不一样的。所以游戏策划玩游戏的时间是非常多的。他们也许一天 24 小时中，除了 7 小时在睡觉，有 10 小时在工作，7 小时在玩游戏。

7. 游戏公司平台

周磊晶老师：腾讯拥有中国大量的移动互联网用户，在这样的用户平台上做游戏设计，您觉得这是否是一个优势？或者说在设计的时候如何更好地利用这种熟人社交的圈子？

喻中华总监：一件事情总有它的正反两面。熟人社交对于前期的游戏研发是一个很好的优势，因为朋友和认识的人都在游戏的社交链上。很多人都是因为社会关系链沉淀在腾讯的产品里面，这对于腾讯来说应该是一个极大的优势。但对于某些类型的游戏来说，可能是一个劣势。有些游戏不希望我知道对方是谁，或者不希望对方知道我是谁，更希望在一个匿名的环境中去做假设、做大胆的冒险。所以有优势也有劣势吧，需要依据不同的游戏类型而定。

小结

"美"的事物并不是一成不变的。设计师需要学习过往知识，并进行相应的深入研究，也要跟上时代的步伐，创造引领时代的设计。因此，设计师必须根据文化和审美的发展变化，不断地重新评价自己的审美力和判断力。设计师需要保持独特精准的眼光，创造出美丽的未来。

第5章 设计推动科技转化

引言

设计和科技的关系是错综复杂的。设计在科技产业领域中的地位正在发生变化。过去，许多设计师辅助参与打造科技产业的界面和工作流程。如今，设计力量已转变为创新的主导力量，驱动并促进技术转化，并且将设计师对交互、形式、信息以及新领域的艺术技巧的理解应用其中。设计师逐渐从新技术的被动感知者转变为技术形成过程中的积极参与者。在这个过程中，设计思考者和从业者被称为探索者，都将有机会为科技转变做出贡献。

这一章将探讨科技进步给设计领域带来的影响，以及设计是如何转化和应用科技成果的。

5.1 智能材料

材料是产品的基础。智能材料是一种能够感知外部刺激并且自身可以执行的新型功能材料。智能材料是继天然材料、合成高分子材料、人工设计材料之后的第四代材料，被认为将支撑未来高技术的发展。智能材料使传统意义上的功能材料和结构材料之间的界线逐渐消失，实现了结构功能化和功能多样化。

一般来说，智能材料具有感知功能，能够检测并识别外界或者内部的刺激强度，比如电、光、热、应力、应变、化学、辐射等。

当前，智能材料主要可以分为三大类：智能变色材料、形状记忆材料和电子信息智能材料。

5.1.1 智能变色材料

智能变色材料是一种具有高附加值和高效益的智能产品。比如，Radiate 是一款能够帮助运动者监测身体特定部位肌肉群训练情况的运动 T 恤。Radiate 就像一面贴身热能镜，能即时感应运动者身体各个部位所散发的热量，并通过颜色的变化让运动者随时了解自己的肌肉以及血管的锻炼情况，如图 5.1 所示。

图 5.1 Radiate

日本庆应大学的学者开发了一种变色织物，名为 Fabcell。他们将液晶墨水染色的纤维和导电纱线一起编织成织物，通过向导电纱线施加电压并改变织物的温度，来改变织物表面的颜色。Fabcell 利用马赛克拼接结构，使变色服装在颜色和花型图案上拥有更多的设计空间，如图 5.2 和视频 5.1 所示。基于同样的技术，将液晶墨水应用在书法上，文字的颜色会随着环境温度的变化，展现转瞬即逝的动态美，如视频 5.2 所示。

视频 5.1 Fabcell　　视频 5.2 液晶墨水

—079—

图 5.2 Fabcell

智能变色材料为智能仿生、自适应光学系统等领域的发展开辟了新道路，在服装、包装材料等方面也有巨大应用潜力。

5.1.2 形状记忆材料

材料在一定条件下被改变其初始条件，发生形状的变化并暂时保持该形状，通过外界条件的刺激又可以恢复其初始形状，这种材料就是形状记忆材料。高记忆性材料的研发有助于产品的批量化生产，优化生产流程。

由镍钛合金制作而成的记忆合金是一种特别的金属材料。它的微观结构有两种相对稳定的状态。在高温下，这种合金可以变成任何形状；在较低的温度下，合金可以被拉伸。如果对它重新加热，它会缩回原来的形状。这种材料可以无限次地被拉伸和收缩，收缩再拉伸，如视频 5.3 所示。

视频 5.3 记忆合金

美国卡内基梅隆大学发现了一种薄薄的导电热塑性材料，如图 5.3 所示，可以用 3D 打印机涂在普通纸上。当施加电流时，热塑性材料加热并且膨胀，导致纸张弯曲或者折叠；当电流被移除时，纸张回到初始的形状。利用这种导电热塑性材料可以制造出一种似乎具有生命的能够弯曲、折叠或展平的纸，真正将纸张变成了一种兼具艺术和实用功能的媒介，如视频 5.4 所示。该团队还从纳豆细胞中提取出可变性的记忆材料，设计制作出一种会呼吸的运动紧身衣。当用户体温升高出汗时，紧身衣背后的鳞片会自动张开，帮助用户透气排汗；当用户体温下降时，衣服上的鳞片自动闭合，以防止体温下降，如视频 5.5 所示。

视频 5.4 导电热塑性材料　　视频 5.5 会呼吸的衣服

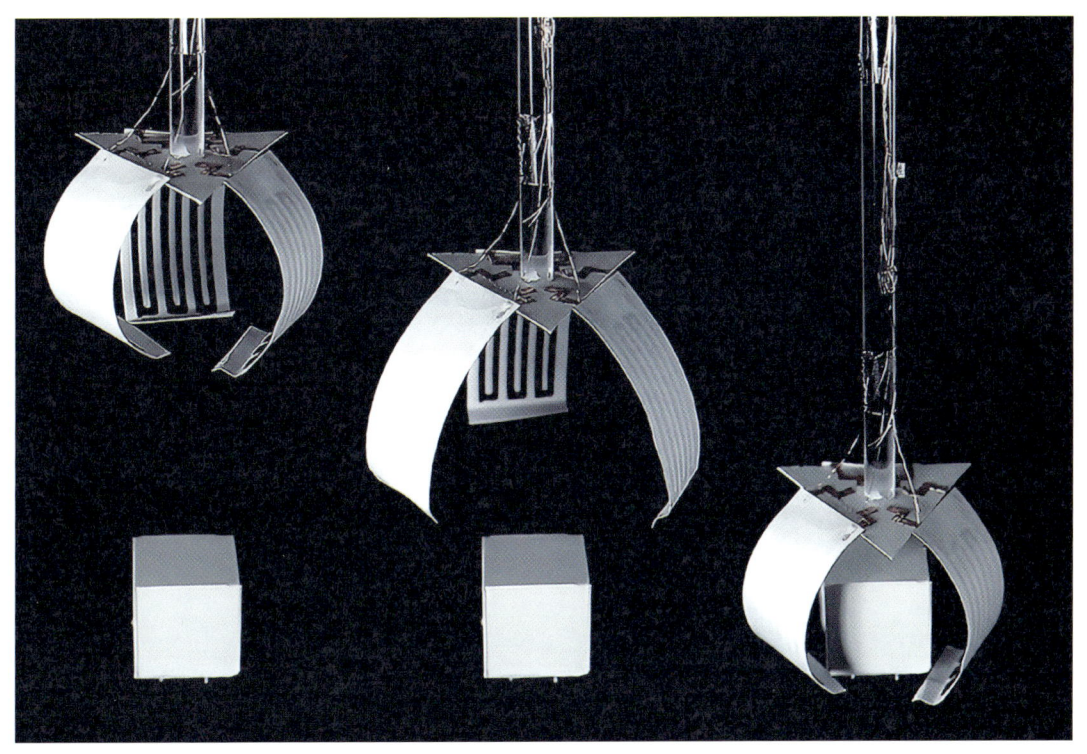

图 5.3　导电热塑性材料

说到记忆材料，就不得不提 4D 打印技术。4D 打印指的是由 3D 技术打印出来的结构能够在外界刺激下发生形状或者结构的改变，直接将材料与结构的变形设计内置到材料当中。4D 打印技术简化了从设计理念到实物的造物过程，让物体能够自动组装构型，实现了产品设计、制造和装配的一体化融合，如视频 5.6 所示。

视频 5.6 4D 打印

形状记忆材料正被广泛应用于机器人、机械工程、航天航空等领域的设计工作中，在智能产品的开发中也有极大的应用潜力。

5.1.3　电子信息智能材料

电子信息智能材料指的是能够在其物理和化学性能之间相互转换的电子信息工业领域的

材料。电子信息智能材料由来已久，比如由棉和聚酯与几种导电材料的合金组合而成的导电纤维，非常适合将电子元件连接到电子织物上。然而，导电纤维的电阻会随着长度的增加而急剧增加，所以它们不适合长连接。

日本公司阿吉奇（AgIC）的导电笔使用了含有纳米银粒子的墨水。它画出来的线条可以直接当作电路使用，能够将电池与 LED 灯连接起来并点亮，如视频 5.7 所示。阿吉奇的创始人希望人们能以趣味的方式轻松学习电路原理。阿吉奇之后还推出了电子墨水打印机，使得设计师可以直接打印出印制电路板（Printed Circuit Board，简称 PCB），大大提高了设计开发的效率。

视频 5.7 导电墨水

目前，这类新兴材料的研发正朝着多功能化的方向发展。电子绷带（Electro Dermis）是一种将电子产品应用于皮肤的新材料，可以改变未来的医疗和健身方式，如图 5.4 所示。研究人员用波浪形的铜片制成电线，使其能够弯曲，并使用医用级胶膜将其粘在人体上，就像智能创可贴一样，如视频 5.8 所示。这项技术可以用来准确地监测生命体征、跟踪健康指标、测量食物消耗量等。

视频 5.8 电子绷带

图 5.4　电子绷带

谷歌（Google）和李维斯（Levi's）共同推出了一款能联网、能充电的智能牛仔夹克，如视频 5.9 所示。衣服的面料采用了触敏材料，内藏多点触控传感器。通过蓝牙与手机相连，穿戴者只需要在袖口上点击滑动，就能够回复电话、切换音乐、导航和查询附近消息。这件夹克还与打车服务优步（Uber）相连，有到车提醒功能。谷歌声称，这款产品的设计理念是将时尚的穿着与新兴的技术完美融合。

视频 5.9 智能牛仔夹克

在智能时代，材料将不再是三维的、静态的。第四维度的时间和行为将来到物理世界，就像目前已经呈现出来的新型智能材料一样。设计师将有更多思考的可能性和机会，创造出由这些新材料所带来的全新的用户体验。

5.1.4 CMU 变形物质实验室专访

以上的设计案例中有四个都来自同一个设计团队，即卡内基梅隆大学变形物质实验室。这是一个年轻而充满创新力的团队。团队的核心成员姚力宁教授正是浙江大学工业设计专业出身，博士毕业于麻省理工学院媒体实验室，而后到卡内基梅隆大学创办了变形物质实验室。这个实验室每年都有让人脑洞大开的新材料发布，将艺术、时尚和科技完美融合。为了了解材料研究的新进展，作者邀请并访谈了姚教授，如视频 5.10 所示。

1. 变形物质实验室

周磊晶老师：请您分享一下您的实验室研究方向。

视频 5.10 CMU 变形物质实验室专访

姚力宁教授：我管理的研究团队叫变形物质实验室，它着眼于未来智能材料的交叉点，以及将材料运用于实体的自动智能产品、服务、界面等的设计思维。我们正试图设计制造并展望各种变形物质，所以我们研发的很多东西看起来像是从科幻电影中跳出来的。

举个例子，我们尝试设计一种变形的可食用材料。那是一种意大利面条，你可以制作它们，把它们塑造成扁平状，以便节省包装空间。但当你开始烹饪时，它们可以变成不同的形状，就像一种能够自动生成三维形体的折纸结构。我们正在尝试和意大利面条公司合作，把它变成一种商业产品。

我们已经看到了很多基础物理科学的进步。例如，我们总能看到科学家发明的智能材料，以及机器人科学家开发的智能驱动机制。在变形物质实验室，我们想把不同领域的技术与设计相结合，把这些技术转化为真正以人为本的、基于用户体验的应用，希望能够影响人们的日常生活。这些都是高度跨学科的努力。在我的团队中，有工业设计师和建筑师。他们尽力去突破自己的想象力，想象这些变形物质如何被应用到不同的生活体验中；团队中也有材料科学的学生、机械工程师、计算机科学家。他们正在努力开发基本的技术，使我们能够定制并操纵这些物质。

2. 变形物质

周磊晶老师：关于您提到的变形物质实验室，请您介绍一下变形物质这个名词。

姚力宁教授：变形物质（Morphing Matter）是我的团队发明的。我们试图用这个词来展望。未来的智能材料可以拥有被编码的行为，它有时会对环境状况做出反应，有时是对人类的意图做出反应，并努力使交互设计受益。

例如，你坐在一把椅子上，当你感到冷或不安全的时候，冰冷的椅子会变成温暖的沙发，当你想在客厅里放松的时候，它可以感知，可以反应，可以听懂你说的话，也可以采取动作，试着与你的身体进行互动。变形物质可以超越单一的应用领域，被应用到各行各业中。

到目前为止，我们一直与化妆品公司、食品公司、IT 公司甚至汽车制造公司进行合作。以化妆品公司为例，我们开始研究变形物质如何应用于我们的皮肤滋养和保湿。对于汽车工业来说，他们感兴趣的是利用自组装结构来加速他们的原型制作过程，同时也为他们的原型迭代节省材料。

3. 变形物质的案例

周磊晶老师：请您列举一些变形物质的例子。

姚力宁教授：变形物质实际上不受材料类型的限制，例如，变形物质也可以通过塑料来实现。我们做了一把类似宜家的椅子，你可以把它塑形并进行扁平化包装。当人们在家时，可以用吹风机增加一点热量，使它自动组装成型，某种意义上可以省去很多组装的力气。

我刚刚谈了廉价的变形物质，但实际上也有非常昂贵的变形物质。例如，我们曾经在潮湿的实验室中设计制造了一种特定的细菌，改造成纳米级的变形物质，我们用 3D 打印机把细菌溶液涂在一块布料上，这就把普通的布料变成一件汗液反应性的衣服。当人们出汗的时候，衣服后面的鳞片就会打开，来帮助排出身体多余的热量，可以把它想象成第二层皮肤。

所以从相互作用的角度来看，变形物质也代表着未来，至少是一种可能的交互设计的未来。通过常见的智能传感器和电子磁铁能让物联网实现。对于这种类型的物联网设备，电子设备是必要的，所以会浪费很多能源，也有复杂的重新配置和设计。但在我们的案例中，我们试图获得智能物理现实和物理产品的本质。在通常情况下，我们不使用电子设备，我们试图让材料自身变得智能。比如，意大利面被烹饪时可以有感知，或者人体变得又热又有汗时衣服会有感知。所以那些反应、行动和感知，是通过化学的方式，有时是生物学的，有时是分层材料工程来完成的，但它们很少通过传统的传感器和执行器系统来实现。

5.2 物联网设计

当前，互联网已经成了人们生活中的必需，算不上前沿的科技。如果在互联网的基础上继续延伸和拓展，是否会有不一样的想法？例如，让家里的冰箱、洗衣机、空调、空气净化器通通联网，让桌子、椅子、花盆增加智能功能。例如，早上起床洗脸的时候，镜子会提醒今天早上公司有个会议，建议穿上正装；吃早饭的时候，桌面实时显示着摄入食物的量和营养成分，并提示多吃点核桃，因为最近熬夜比较多，用脑过度；坐着无人驾驶的汽车去往公司；工作椅用震动的方式提醒坐姿不够标准；水杯实时记录着每天的喝水量；休息时打开手机，发现家门口的监控摄像头发送了报告：上午有两个人经过家门口，人脸识别出一个是小区保洁阿姨，另一个是快递员；花盆会自动提醒该给花浇水了；卧室摆着的数字相框已经更新同步完手机里的相册……这是另一种互联网的生活，是万物相连的互联网，我们把它叫作物联网。

物联网将各种信息传感设备与互联网结合起来而形成一个巨大的网络，实现人、机、物在任何时间和任何地点的互联互通。

物联网的体系结构主要包含感知层、网络层和应用层。感知层用于采集和感知物理世界中的各类物理量、标识、音频、视频等数据。数据采集主要涉及传感器、射频识别、二维码等技术。网络层主要用于实现更广泛、更快速的网络互连，把感知到的数据信息可靠、安全地传送。应用层主要包括了前面所介绍到的各种智能产品的应用。

5.2.1 5G 生活

如果说物联网是没有边界的巨大网络，那么 5G 技术让网络中的所有连线变得更快更强，甚至让过去很多无法连接的物和人更高速地连在了一起。2019 年是 5G 商用元年，我国工业和信息化部正式颁发了 5G 商用牌照，并同时推出宣传视频，描绘出了 5G 时代的生活畅想，如视频 5.11 所示。

视频 5.11 5G 生活畅想

视频中出现的所有智能产品，广义上来说都是物联网产品。AR 眼镜可以将来自网络的虚拟数字信息叠加到真实的物理世界上。智能家居是物联网产品中重要的分类，包含了各种智能家电、服务机器人、智能家居等。实时联网的无人机可以准确定位并配送快递，通过人脸识别确认收货。借助全息投影技术，千里之外的老师可以为贫困山区的儿童讲授最新的科技成果。智慧畜牧业可以为每头牛做标记，为它量身定制饲养方案。基于无人驾驶汽车的车联网也是物联网中重要的一环。智能穿戴是应用物联网技术对日常穿戴进行的智能化设计。以智能路杆为代表的产品将物联网的概念推广到公共空间，打造智慧城市。

从视频中我们可以看到，物联网的应用领域非常广泛，主要应用包括智能数字家庭、平安城市建设、智能物流、智能医疗、智能电力、数字环保、数字农业、数字林业、文物保护等多个领域。

5.2.2 智能家居

智能家居是用户最为熟知的物联网产品。例如，飞利浦的智能照明灯可以适应不同的场景需求；布索姆出品的智能灌溉器，可以自动为家里的植物浇水，并把已经灌溉的区域实时反馈到用户的 App 上。需要注意的是，现在市场上很多智能家电并没有实现真正意义上的人工智能。比如，现在的智能冰箱可以做到精准控温、干湿分离、清新除味、动态除菌，高级的还能提供健康食谱和定时提醒。然而，智能冰箱还有很大的发展空间，可以提供一定的数据收集和分析能力，比如记录鸡蛋是哪天放进去的、番茄是哪天放进去的、鸡蛋还剩几颗、什么时候会过期，并及时提醒用户。

智能家居产品会根据用户的生活习惯进行自我调节。它提供的是无感的体验，对用户的生活不造成干扰。智能家居目前还属于一片蓝海，各大企业纷纷智慧布局，力求先获取流量。很多企业都把智能音响作为切入口，亚马逊的艾科是世界上第一款智能音响，也占有最大的市场份额。国内也有很多人气产品，比如阿里的天猫精灵已经与 1000 多个家电品牌进行了合作，小米的小爱同学也可以控制小米生态链的电灯、电视、电饭煲和净化器等家用电器。作为物联网的交互入口，是否"有物可联"、是否能控制更多的智能产品是提升智能音响用户体验的关键。

5.2.3 智慧城市

如果将物联网的概念应用到公共空间，应用到更宏观的层面，这就是智慧城市。智慧城市是一个跨系统交互的大系统，是"系统的系统"。

智慧城市已经成为阿里巴巴、百度、腾讯、华为、京东、平安科技、科大讯飞、英特尔等大公司纷纷布局的新赛道。阿里巴巴首次提出城市大脑的概念，用人工智能技术优化城市的管理。例如，杭州市打造了"会思考的街区"，通过建模、炼模、优模等方式，实现了全链条、傻瓜式的智慧交通服务。百度提出了"AI CITY"的口号，将打造无人驾驶技术开放创新平台阿波罗。目前，这个平台已经联合了来自全球超过 175 个国家和地区的 20 多万名开发者和 230 多家合作伙伴。百度地图虽然不控制汽车，但会是无人驾驶中非常重要的应用。

在物联网时代，实体物品的设计变得更加重要，产品的物理形式是直观可见的，需要被设计和制造。用户界面可以从屏幕和按钮延伸到物理控制，如音频、触觉、手势、有形的交互等。交互设计师需要把焦点从屏幕设计重新转移到工业设计上来。设计师不仅要思考以人为主体的系统，还要考虑以物体为主体的系统。

5.3 Arduino 和 3D 打印

上一节内容介绍了物联网的体系结构主要包含感知层、网络层和应用层。在设计师实现物联网三层结构的过程中，Arduino 是一个不可或缺的原型设计工具。同时，要制作产品原型，还有一个工具必不可少，那就是 3D 打印机。本节将展开介绍 Arduino 和 3D 打印。

5.3.1 Arduino

Arduino 是一款便捷灵活、方便上手的开源电子原型平台，包含用来做电路连接的硬件和软件开发环境。Arduino 最初由意大利一所高科技设计学校的老师开发，本身就是为艺术家和设计师量身定制的原型开发工具。

Arduino 的硬件有各种型号，如图 5.5 所示。常用的 Arduino UNO 适合初学者。Arduino Nano 体积稍小。Arduino Micro 是最小的 Arduino 控制器，可应用于体积小的产品原型制作，但是还需要再搭配一个下载器。Arduino Leonardo 可以模拟鼠标或者键盘。Arduino Mega 配置最高，也拥有最多的数字接口，可以支持功能较复杂的智能产品原型制作。Arduino Lilypad 适合制作可穿戴智能产品，整个元件防水，可以直接清洗，圆形的造型适合与织物搭配。设计师通过导线可以将电子元器件、Arduino Lilypad 和衣服连接固定在一起。

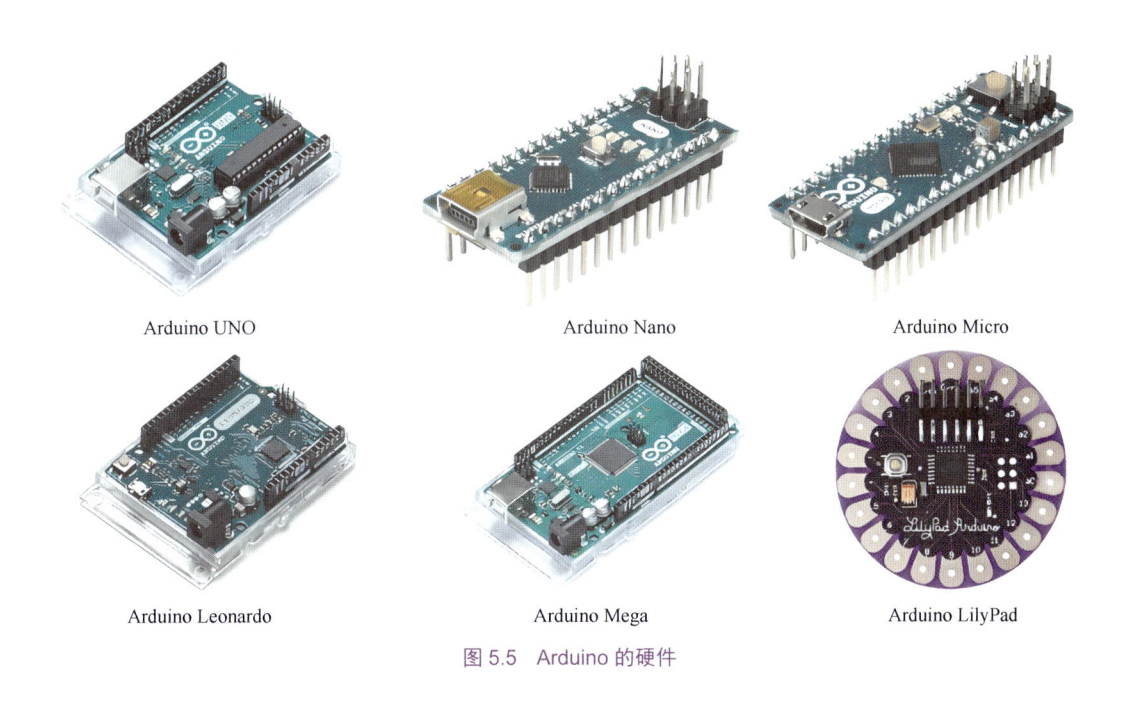

Arduino UNO

Arduino Nano

Arduino Micro

Arduino Leonardo

Arduino Mega

Arduino LilyPad

图 5.5　Arduino 的硬件

Arduino 家族虽然庞大，但 Arduino 主控板的基本用法是类似的，如视频 5.12 所示。一般通过 USB 连接计算机或者电池，给主控板提供 5V 的工作电压。以 Arduino UNO 为例，板子上 0 ~ 13 为数字引脚，具有数字信号输入输出的功能，其中带有波浪线符号的接口代表这个接口还可以输出模拟信号。简单来说，就是带波浪线的接口可以输出 0 ~ 5V 之间的某一个电压值，而不带波浪线的接口只能输出 5V 电压。数字引脚可以输入数字信号，比如连接按钮，用来接收开或关的信号，或者连接矩阵键盘，驱动更多按键。A0 到 A5 是模拟引脚，主要用于输入模拟信号，比如运用超声波测距，用光敏电阻测环境亮度。

视频 5.12 Arduino 介绍

此外，还有一系列传感器可用于输入模拟信号，如温度传感器、火焰传感器、人体传感器和湿度传感器等。这些传感器对应物联网系统设计的感知层，采集和感知物理世界的各种数据和人的需求。

数字引脚可以用于输出数字信号，比如连接数码管、液晶屏、点阵屏和蜂鸣器等。模拟引脚可以用于输出模拟信号，比如连接喇叭发声，连接直流电机控制正反转，连接舵机控制角度等。舵机体积小作用大，被广泛应用在智能小车和机器人上。这些执行器对应物联网设计的应用层，可以驱动实现具体的产品功能。

除了感知层和应用层，物联网系统设计中还需要网络层。Arduino Yun 自带联网功能。其他 Arduino 家族的产品可以通过蓝牙模块或者 Wi-Fi 扩展板连接网络。Arduino 的扩展板使用起来非常方便，跟 Arduino 主控板都是兼容的，即插即用。还有原型扩展板，可以直接在上面焊接电路。

Arduino 能够帮助设计师实现物联网三个层次的基本功能，可以很好地用于制作物联网产品原型。

除了硬件的电子电路部分，Arduino 还有自带的软件开发环境。所有的 Arduino 都使用同一个集成开发环境（Integrated Development Environment，简称 IDE），这是一种类似 Java 的编程开发语言。有趣的是，软件开发环境中的文件叫草图（Sketch）。在智能时代，Arduino 应该像马克笔一样成为设计师手中的基础工具。

Arduino 官网的资源对初学者而言是不错的教程。进入官网后，在资源板块找到教程，初学者可以从 Arduino 预装的案例开始学习。每个教程都展示了该准备什么材料、如何连接电路、程序代码的含义，以及代码中用到的相关函数的介绍。在 Arduino 的软件开发环境中也能找到官网上的教学案例，可以直接下载到主控板中使用。

Arduino 是非常重要的设计工具，设计师也一直在探索如何优化这个工具，让它能够更简易地使用。德国的研究团队开发了一个将 Arduino 主控板和软件开发环境整合在一起的工具，并采用了所见即所得的可视化界面，让这个设计工具拥有更好的用户体验，如视频 5.13 所示。

视频 5.13 Arduino 整合工具

5.3.2 3D 打印

3D 打印是快速成型技术的一种，它是以数字模型文件为基础，运用粉末状可黏合材料逐层打印的方式来构造物体的技术。目前可用于 3D 打印的材料有很多，比如塑料、金属、陶瓷以及橡胶类的物质。较为普遍的 3D 打印技术有熔融沉积技术和光敏树脂固化（光固化）技术。一般来说，光固化技术要比熔融沉积技术的精度更高，打印出来的产品表面更光滑，对复杂的细节表现力更强。

3D 打印技术在珠宝、鞋类、建筑、土木工程、汽车、航空航天、医疗、教育、地理信息系统，以及许多其他领域都有应用。3D 打印机甚至还能打印食物。3D 打印技术已经相对成熟了，在生活中有许多运用案例，比如全球首例以 3D 打印技术实现的婚礼。新郎是一个建筑设计师，新娘是一个从事设计研究的博士。这场婚礼当中所有运用到的灯具、喜糖盒、筷子、首饰，甚至结婚戒指、手捧花、婚纱等全部都由 3D 打印制成，如图 5.6 所示。两个专业设计师利用 3D 打印技术，将他们对于生活美学的诠释发挥到了极致。

3D 打印技术对产品设计带来了巨大的影响。一方面，设计师借助 3D 打印机可以尽情地拓展想象空间，把在虚拟世界中创造的作品带到现实生活中进行修改、完善和再创新，将设计图纸快速地成型具象化。通过 3D 打印提供的实体模型，不仅能够充分调动设计师的想象力与创造力，也有助于检验用户对于产品的兴趣与认可度。从长远来看，这有助于提升设计师的审美品位和设计能力。另外，独立设计师可以依靠 3D 打印技术将自己的创意变成真实的产品，从而催生了大量独立设计师及设计品牌。个性化和小批量的定制正在成为消费的一种趋势。

总之，Arduino 原型制作技术和 3D 打印技术是产品设计师必须掌握的工具，也是设计智能产品的基本技能。

图 5.6 3D 打印婚礼

5.4 扩展现实设计

近几年，一些技术通过改变物理现实来增强人们的体验。其中，虚拟现实（Virtual Reality，简称 VR）和增强现实（Augmented Reality，简称 AR）是比较常见的两种。本节将介绍虚拟现实、增强现实、混合现实（Mixed Reality，简称 MR）和扩展现实（Extended Reality，简称 XR）技术在生活中的应用。

5.4.1 虚拟现实（VR）

VR 创建虚拟的数字环境，并让用户进入到纯粹的虚拟体验中。也就是说，VR 会在用户体验虚拟世界时切断真实环境。

索尼、三星等公司都曾发行过功能强大的 VR 头戴式显示设备，包括 HTC VIVE、Oculus Rift、Play Station VR 和 Gear VR 等。它们由独立的游戏计算机或游戏机提供支持。宜家于 2016 年 4 月在游戏平台 Steam 推出了宜家虚拟现实厨房体验，如视频 5.14 所示。该 VR 系统利用运动追踪系统，使用户可以在房间内自由走动，还能在厨房做一些简单的家务。用户可以在游戏里打开抽屉和烤箱的门，浏览全新的宜家《家居指南》，找出厨房里的铅笔，拿出煎锅并放在炉灶上，煎炸蔬菜丸或者把它扔在地上……这款厨房体验游戏让用户体会到了虚拟现实的魅力。用户会因此产生联想：如果现实的家中有这样的厨房，会发生怎样的趣事？ VR 提高了用户的沉浸感，提高了用户操作的效率，为用户创造了一种全新的空间体验。

视频 5.14 IKEA VR

5.4.2 增强现实（AR）

AR 通过使用人工生成的数字图像覆盖真实的物理环境来增强真实环境，为用户提供额外的情境感知信息，目的是让物理世界变得更丰富。

AR 设备包含手机、平板电脑和 AR 眼镜。曾经风靡一时的精灵宝可梦（Pokemon Go）就是一款基于手机的 AR 游戏。2017 年是 AR 爆发的一年，苹果和谷歌相继推出增强现实开发平台 ARKit 和 ARCore。腾讯也在这一年开放了 QQAR 平台。任何一个企业、开发者，甚至普通用户都可通过 QQ 号注册认证，成为 AR 创意创造者。AR 创建了一种新的信息呈现方式，强调一种"所见即所得"的交互方式，加深了虚实融合的设计形态。

5.4.3 混合现实（MR）

MR 指的是将真实世界和虚拟世界混合在一起，产生新的可视化环境。环境中同时包含了物理实体和虚拟信息，并且必须是实时的。MR 和 AR 非常相似。AR 设备显示的信息可以被明显看出是虚拟的，而 MR 致力于创造虚拟和真实无法区分的沉浸式体验，可以简单地将 MR 理解为 AR 的升级版。

微软曾推出 MR 头戴式显示（头显）设备，名为 HoloLens。它使用数字信息来增强真实环境，并允许用户以在真实世界中一样的方式与数字信息或对象进行交互。这款产品正在以独特的方式应用到教育、培训、研究和艺术领域。由谷歌投资的 Magic Leap 公司是一家典型的混合现实公司，推出过名为 Magic Leap One 的 MR 头戴式显示设备。火遍全球的美剧《权力的游戏》和 Magic Leap 公司曾公布过一项营销活动 The Dead Must Die，通过 Magic Leap One 头显让《权力的游戏》的世界变得生动起来。这款虚拟场景的设计和电影特效一样逼真。戴上头显设备的用户将置身于"君临城"般的影像空间，并在其中烧死异鬼，如视频 5.15 所示。目前，Magic Leap 团队正在研发一款比较先进的耳机。这款耳机具有眼动追踪功能。它可以根据用户的眼球运动调整对应的视图，更好地将用户带入混合现实中。MR 的关键点在于与现实世界进行交互和及时获取虚拟信息。这是一场人类视觉的变革，创造了巨大的想象空间。

视频 5.15 Magic Leap One

5.4.4 扩展现实（XR）

扩展现实（XR）是指通过计算机技术和可穿戴设备产生的一个真实世界和虚拟世界组合的、支持人机交互的环境。扩展现实包括 AR、VR、MR 等多种形式。换句话说，XR 其实是各种概念的总称。扩展现实技术被称为未来交互的终极形态。它将改变许多行业的格局，并将完全改变人们的工作方式、生活方式和社交方式。

在广告营销领域，百事可乐利用 AR 技术在伦敦街头做了一件特别的事，如视频 5.16 所示。这是 AR 广告第一次走上街头。百事可乐将候车亭进行了特殊的改装。当候车的路人注意到屏幕时，能看到许多不可思议的场景，屏幕中还时不时出现百事可乐的宣传语。

视频 5.16 候车亭 AR

首次将 AR 引入社交领域的是 QQ。在 2016 年里约奥运会开幕式上，腾讯 QQ 推出了一款基于 AR 的火炬传递小游戏。通过扫描奥运会的宣传图，用户可以成为火炬手，同时点亮自己的 QQ 昵称和火炬图标，完成一次火炬传递。AR 火炬识别图在 24 小时内被扫描 1200 多万次，参与传递的 QQ 火炬手超过了 1 亿人，创下 24 小时内扫描最多的 AR 图片的吉尼斯世界纪录。

在电子商务领域，淘宝推出了 VR 虚拟现实购物平台，如视频 5.17 所示。网易严选和京东都提供 AR 产品展示服务。AR 和电子商务结合有诸多好处，用户可以将商品模型投放到真实场景中，所见即所得，感受真实的比例，观察是否跟家中环境搭配，也能够移动选择，360° 观看商品的全貌。

视频 5.17 淘宝 VR

扩展现实在教育和研究领域也有很多应用场景，比如 HoloLens 支持用户直接在现实的文档中做虚拟的笔记，也支持研究数据的三维可视化和操作，如视频 5.18 所示。在人机交互会议 CHI 上，澳大利亚的研究团队展示了多人协作的 VR 应用，如视频 5.19 所示。借助一个用户手中的 360° 摄像头，另一个用户可以实时看到微缩视角的图像。这样的技术可以应用在培训场景中，用以展示产品的细节。

视频 5.18 HoloDoc　视频 5.19 多人协作 VR

在艺术和设计领域，谷歌开发了一款名为 Tilt Brush 的 VR 绘图应用，让艺术家和设计师可以天马行空地在三维空间绘画，如视频 5.20 所示。微软研究团队开发的 AR 软件可以帮助设计师在使用亲和图的时候，获得更多数据信息，如图 5.7 所示。

视频 5.20 Tilt Brush

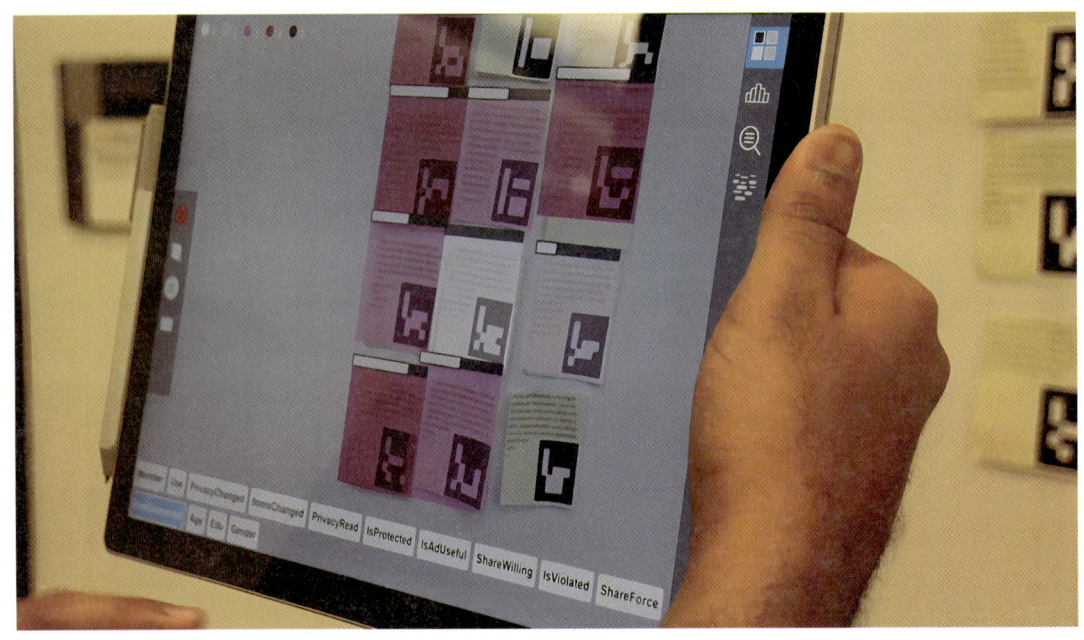

图 5.7　亲和图

在新闻媒体领域，VR 直播技术正在为人们带来沉浸式体验。用户将不再受导播的限制，可以第一时间观看 360° 最真实的新闻现场。用户不再是一个事不关己的观众，而是一名实时的新闻目击者和新闻发生现场的体验者。纽约时报、BBC、ABC News、美联社等知名传统媒体都在试点 "VR+ 新闻" 的呈现形式。国内的 CCTV、东方卫视等媒体，也在与 VR 内容团队合作录制 VR 电视节目。一些门户网站，如网易、腾讯、新浪等也在加速跟进这项技术。

在工业生产领域，VR 技术可以大显身手。奥迪推出了一项虚拟现实装配校检技术，利用 3D 投射和手势控制，工程师可以在新车型开始生产前检查以及校准装配人员的动作。汽车制造商沃尔沃则尝试让工程师使用 HoloLens 来加速新车型、零部件和汽车内饰的研发。通过 AR 眼镜，工程师可以看到汽车内部的结构信息以及某个部件的 3D 图形，并对其进行操作和调整。未来，汽车产品更迭的速度也许能跟上车载电子系统升级的速度。

在工业生产过程中，很多环节还需要工人手动操作，装配的周期取决于操作工人的技能熟练度，特别是飞机、汽车等复杂的大型机械设备。飞机制造商波音公司利用谷歌的 AR 眼镜简化装配流程。工程师通过 AR 眼镜扫描装配现场某个部件的二维码，该部件的装配指导就会自动在眼镜上显示出来，工人只需要按照指导步骤就可以快速地完成装配工作。

设计师需要持续培养自己整合技术的创造力和设计技能。技术一直在变化，其发展方向是嵌入到日常生活的物品中，把人从各种屏幕中解放出来，让人能以一种更自然、沉浸式体验的方式与信息交互。设计师要拥抱技术，但不能被某种特定的技术所困。

未来产业的快速发展主要基于颠覆性技术的突破和产业化，并依托于技术之间、技术与产业之间的深度融合。未来产业不仅可以更好地满足人们现有的需求，还将创造新的应用场景和新的消费需求。为科技成果寻找合适的转化和应用场景，并提出有创意的解决方案，满足用户的潜在需求，是设计师的时代责任感。

5.5 人工智能设计

人工智能（Artificial Intelligence，简称 AI）能够和人类一样对世界进行感知和交互，通过自我学习的方式在诸多领域进行记忆、推理和解决问题。对大众来说，人工智能其实并不遥远。各种 AI 技术已经融入了人们的生活，比如邮件过滤、个性化推荐、语音转成文字、苹果的 Siri、天猫精灵、百度搜索、机器翻译等。AI 技术将为世界带来大量的机遇和财富，同时也会带来很多挑战。最直接的挑战就是 AI 代替人类工作，将引发大规模的失业潮。在未来的 15 年之内，也许有一半人类的工作将会被 AI 部分或者全部取代。最容易被取代的工作，是那些规则性强、重复性强、易于判断的工作。

而最难被取代的主要有三类工作：需要社交能力、协商能力、人情练达艺术的综合决策类工作，比如 CEO；具有同情心和情感关怀的服务性工作，比如心理咨询师和月嫂；以及具有创意和审美的设计师。尽管设计师看似是较难被 AI 取代的工作，然而设计工作中也存在着大量规律性很强、重复性劳动的内容。AI 设计工具可以在一些方面取代人工设计师。阿里巴巴新晋设计平台鹿班致力于"让天下没有难撸的 banner"。鹿班是个智能设计平台，其原理是通过人工智能算法和拥有大量设计作品的数据库，经过机器学习后输出设计，如视频 5.21 所示。鹿班开放了一键生成、智

视频 5.21 鹿班系统

能排版、设计拓展、智能创作四大功能。鹿班最厉害的一点是可以深度学习。输入关键尺寸，它就能够生成不同网店所需要的不同尺寸的海报，速度极快，一秒可以生成上万张不同的海报，抢了无数设计师的饭碗。另外，层出不穷的 AI 设计工具也为设计师提供了便利。

5.5.1 降低设计门槛

随着人工智能的快速发展，AI 能够在极短的时间内"创造"出不同风格的设计作品，大幅降低了设计的门槛。

Photoshop 和 Illustrator 是 Adobe 公司推出的不可或缺的设计工具。2016 年，Adobe 推出了深度学习平台 Sensei。设计师只需要点击选择图像中要删除的物体，基于 Adobe 长期累积的大量图像数据，利用深度学习算法，就可以实现一键抠图。即使是视频，Sensei 也能够实现智能识别和一键抠图。Sensei 还能够自动识别图片中的元素，生成相关的内容标签。拥有数千万个高品质图片的资源库将根据识别的内容标签为设计师提供推荐素材，免去了设计师找图的麻烦。有了这样的神器，设计师可以少熬很多夜。

Prisma 是一款非常火爆的软件，它借助神经网络处理图片，可以把图片变成各种艺术家的风格，如梵高、毕加索、莱维坦等。

Deep Fakes 是一种人脸交换技术，顾名思义，就是在图像或视频中把一张脸替换成另一张脸，如视频 5.22 所示。人脸交换技术并非新技术，之前电影视频中的人脸交换非常复杂，专业的视频剪辑师和计算机视觉专家需要花费大量时间和精力才能完成视频中的人脸交换。Deep Fakes 的出现是人脸交换技术的突破，设计师只需要把上百张人物的样图输入到一个算法中，就能完成人脸交换，制作出非常逼真的视频效果。可怕的是，用 AI 技术换脸后的视频，即使使用目前最先进的人脸识别技术也难分真假，识别错误率高达 95%。因此，这种技术一经问世就带来了诸多争议。人们的肖像权不容侵犯，人脸交换后的假视频可能被用于敲诈。被换了脸的总统视频，甚至可能对国家安全构成威胁。

视频 5.22 Deep Fakes

如今，大众正在逐渐认可人工智能艺术的价值。2018 年 10 月，由三个对艺术一无所知的程序员开发的"艺术作品"《贝拉米肖像》在纽约佳士得拍卖以 5500 美元起拍，最终以 43.25 万美元落槌，成了世界上第一件成功拍出的人工智能艺术品，引发了全球关注。人工智能正在使艺术和技术的界限变得越来越模糊。

Midjourney 是一款 AI 绘画工具，只需要输入文字，就能够快速生成相应的图片。自 2023 年 5 月 Beta 版推出以来，这款工具在 Discord 社区迅速引起了热议。如今，由 AI 生成的艺术品正在悄悄地重塑文化。近几年，机器学习系统从文本提示中生成图像的能力在质量、准确性和表达能力方面都得到了显著提高。这些作品在互联网上广泛流传，让人们感到新奇有趣。艺术家和设计师也正在将这些软件集成到工作流程中，很快，由人工智能生成和增强的艺品将无处不在。

然而，这些工具从实验室转移到日常用户手中时，可能会带来一些新问题，如版权纠纷、输出错误信息等，这些问题必须引起注意。因此，在使用这些工具的同时，我们也应该保持警惕，尽可能避免这些问题的发生，让人工智能成为我们的有益助手。

5.5.2 驱动情感化设计

人工智能能从大数据中分析趋势，驱动情感化设计。历史上第一首由人工智能 Watson 系统和歌手合作创作的歌曲叫 Not Easy，如视频 5.23 所示。这首容纳了千万伤心事、非常特别的歌曲，一度冲上了音乐全球榜第二名。Watson 色彩分析 API 分析了海量专辑的封面设计，启发音乐家将音乐背后的情绪表达转化为图像和色彩，完成了专辑的封面设计。人工智能使得智能情感计算与设计的结合成为可能，引领了未来的情感化设计趋势和全新的用户体验。

视频 5.23 AI 作曲

诗意宇宙是全球最大的人工智能展览，如视频 5.24 所示。土耳其的多媒体艺术团队从上万本书中提取了 2000 万个句子，并使用了 136 个投影仪，将数据可视化的画面呈现在巨大的幕布上。黑色、神秘、强大、变化、未来感、信息爆炸，这是艺术赋予人工智能的形象。艺术和科学正如一座高山的两面，本质是相通相融的，设计是连接两者的桥梁，设计师需要拓宽视野，学会跨界思考。

视频 5.24 诗意宇宙 AI 展览

5.5.3 影响时尚设计

人工智能同样影响了时尚设计。在香港理工大学的校园内，阿里巴巴的 AI 新物种 Fashion AI 上岗了，一秒钟能为用户推荐 100 套穿搭建议，如视频 5.25 所示。这种新技术创造了全新的购物体验，同时也为零售商提供了全面智能化的蓝本。其算法主要基于淘宝上超过 50 万潮人的搭配方案，从属性、颜色、风格、细节等维度进行匹配，为用户寻找单品最适合的穿搭方式。人工智能与服装设计的结合碰撞出了新的火花，这将加速设计和生产变革，带来巨大的商业价值和社会效应。

视频 5.25 Fashion AI

随着 AI 技术的成熟，设计作为科技、人文与商业交叉领域的学科，必定会发生新一轮的变化。一方面，人工智能创新了各种设计工具，降低了学习成本，帮助设计师提高了工作效率。而另一方面，设计师亟需掌握更综合的能力和素质，保持终身学习的习惯，并结合 AI 进行思考，通过它来创造更多的价值。如果不想被人工智能替代，设计师需要关注个性化设计、情感化设计、艺术设计，因为在这些领域目前机器还不能超越人类。

5.6 科技设计提升产业升级

分布不同，产业不同，设计该如何提升传统产业的升级？设计怎样开展原理创新？设计怎样拥有核心竞争力？这是产业类型不同带来的设计问题，简单来说就是创意如何与科技融合，设计如何提升产业升级。

5.6.1 政策扶持

从国家层面来讲，2007年国务院提出要高度重视工业设计，2010年工业和信息化部联合国家11个部委提出要大力发展工业设计，2016年世界工业设计大会期间，多位领导都提出要大力发展工业设计。

以浙江省为例，浙江省的区域经济发展较为明显，为此，浙江省委省政府将浙江省的产业分为多个区域经济示范区，同时省里成立了工业设计基地，希望通过设计和产业的高度融合，让设计提升产业升级。2017年，浙江省又成立了一个新的省重点工程——建设浙江省产业创新服务综合体。各个区域产业经济带和相关的高校、工业设计机构联合建设服务综合体，比如椒江的马桶业、安吉的座椅产业等等都在开展产业创新服务综合体的建设。

5.6.2 设计案例

浙江安吉是国家美丽乡村的发源地。安吉有三个主要的产业，可以概括为三个一：一片叶子，一根竹子，一把椅子。一片叶子就是安吉的白茶，一根竹子是安吉的竹产业，一把椅子是安吉的座椅产业。

董明珠在安吉考察过之后提出："世界座椅看安吉"。安吉制造已经在座椅行业里面全球领先了。为什么有座椅这个产业呢？在现在这个年代，站着办公的机会已经很少了，基本是坐着伏案工作，久坐导致的富贵病已经引起了大众的高度重视。柳叶刀杂志发表了一篇文章，表明在影响国人健康但不致死的疾病中，排在第一个的就是颈痛和腰痛，而这些病症和"坐"这个动作有很大的关系。安吉的座椅产业就是为了解决"坐健康"而诞生的，浙江大学设计团队在2006年进入安吉时，提出了"健康座椅理念"。在此期间，团队培育了第一家上市公司永艺股份，建立了三家企业研究院，培育了第一家省级技术中心，培养了许多家省级的工业设计中心及高新技术企业，对安吉的整个座椅产业链发展做出了巨大的贡献。

产业发展理念先行，产品是基础。在后来的产品研发之中，安吉陆续开发出了很多标志性成果。第一个是康背椅，它将座椅的座背分成两部分，同时用关键的材料技术做座椅靠背的支撑，能够实现三维动态支撑。这种座椅获得了第 12 届中国家具设计的金奖，也是唯一的一个金奖。第二个是在省政府重大项目的支撑之下，设计了一个基于橡胶弹簧的复合底盘，并以此底盘为基础，设计了 Ticen 等座椅。公司通过新材料、新技术的高度融合、仿真、计算、打样，研发了一种新的橡胶弹簧底盘，它能够很顺利地实现人在倾仰过程中的回弹，解决了老式座椅在回弹过程中的一些噪声以及不舒适性的问题。这个座椅设计获得了浙江省科技进步二等奖。第三个是提出了基于人体质量自适应的座椅座背联动技术。目前一般的办公座椅面临三个问题：座椅回弹不顺畅，指不同体重的用户坐上去回弹质量不一样；搓背，指人坐上去反复运动之后衣服会搓起来；由于用户不懂得阻尼调节装置而造成该机构的浪费。为了解决这三个问题，安吉花了四年时间，通过底盘技术的研发，提出了基于人体质量自适应的座椅座背联动技术，研发了新型底盘。基于这个底盘，开发设计了米勒特办公座椅，目前这种座椅已经成功进入腾讯、京东和阿里。以此底盘为基础，又研发了阿尔法休闲座椅，这种座椅坐上去非常的舒适，它能根据人体质量进行自适应调整。

安吉基于已有的理念研发设计产品，研发出了全世界第一款健康座椅，告诉了国人什么叫健康，什么叫健康座椅，健康座椅怎么挑选、怎么研发、怎么设计来解决坐姿的健康问题。同时为了适应互联网和物联网云的需求，团队也自主研发了智能化座椅的技术。在广州家具展上，推出了智能座椅。通过传感器能将用户的心跳、呼吸、血压、脉搏等快速、实时地传输到手机和平板里。科技设计带动了安吉整个座椅产业的升级。

5.6.3 科技设计

科技设计以市场为导向，以用户为中心，以设计为牵引，以产品为媒介，以科技为支撑。第一，设计的主战场是市场，设计能够帮助产业进行升级，能够为用户提供非常优良的产品。所以设计必须以市场为导向，这样产品才能够卖得出去。第二，以用户为中心，要考虑到用户的生理、心理等一些特征，开展以人为中心的设计。第三，以设计为牵引，因为设计能够将自然科学、人文科学、艺术进行有效的整合，把科学之真、人文之善、艺术之美融入一个产品中。第四，以产品为媒介，这个产品不仅仅指所看到的物质产品，比如汽车、高铁、座椅等，也包括了以软件为核心的一些产品，比如阿里巴巴、华为的手机产品等。第五，以科技为支撑，设计要有科学的依据。除了艺术之美、人文之善，更重要是有科学依据来为产品保驾护航，这就是科技设计的魅力。设计的最终目的是满足人们日益增长的物质文化需求，增强国家的文化自信，提出中国自己的设计风格。

小结

许多设计师仍然停留在以介质命名的设计上，比如平面设计、工业设计、UI 设计等。而抛开这些介质，设计的本质究竟是什么，仍然是一个重要的、开放的、值得探索的话题。无论使用了怎样的智能硬件，其本质和设计方法论是不变的，都是去探究用户的根本需求，使用当前最佳工具来使之得以最佳实现。如果设计师想在对新世界的创造中使用先进的技术，则需要学习大量的科学和工程知识。如果设计师足够聪明、努力、好奇，身边会有很多机会值得探索！

第 6 章
设计展现文化魅力

引言

　　文化是在物质生产活动中衍生出来的文明。文化一词，本身不具备美的意义，能否更好地被传承在很大程度上取决于它的表现形式能否得到认可。文化与设计有着不可分割的关系，相互影响，相互促进，相辅相成。设计依赖于文化的背景而产生，反映出一定的社会背景和时代特征。纵观国内外的设计历史，形形色色的各种设计在人类的文化长河中熠熠生辉，大放异彩。设计行为作为一种结果，成了文化的一个重要组成部分，并且影响着社会文化的发展。

　　现代设计是以现代社会的人民生活为目标的社会文化活动，在满足社会公众的物质需求和精神需求的同时，也在实现设计的社会意义。可以说，文化是孕育设计的温床，是种植设计的土壤。文化一直被设计界所关注。在今天这个文化大融合的时代，无论是哪一行业的设计师，都需要深刻意识到这种文化和设计的关系。今天设计师们创造的设计结果，也将成为人类文明史、文化史中的沧海一粟。设计师需要本着尊重谦虚的态度，对待历史留下来的宝贵文化，并且加强自身的文化修养，创造出优秀的设计。

6.1　中国古代设计思想

　　中国古代设计思想散落于各类典籍之中，虽然不足够系统，但对现代设计师有着不可忽视的影响。本节主要以《考工记》《天工开物》和中国传统造物观为例,向读者展现从文化宝库中挖掘出来的中国古代设计思想。

6.1.1 考工记

《考工记》是中国目前所见年代最早的手工业技术著作。这本书在中国科技史、工艺美术史和文化史上都占有重要的地位,在当时世界上也是独一无二的。全书一共有7100余字,记述了木工、金工、皮革、染色、刮磨、陶瓷六大类30个工种的内容,反映出当时中国所能达到的科技和工艺的最高水平。

英国学者李约瑟(Joseph Terence Montgomery Needham)[①] 博士在其巨著《中国科学技术史》中指出,《考工记》是研究中国古代技术史最重要的文献。朱光潜[②] 先生则认为《考工记》是研究中国美术史的重要资料。《考工记》提出了"天有时,地有气,材有美,工有巧,合此四者然后可以为良"的观点。"天有时,地有气"强调要遵从自然规律,因时制宜,因地制宜地取材和制作。地域的差异和地理条件的不同都会影响人们生产和生活的习惯。不同地域的人们在对待设计物品的评价上也不相同,比如我国北方普遍以粗犷豪放为美,而南方多以妩媚细致为美。"材有美,工有巧"强调对材料的认识和把握是设计取巧的基础,同时匠人的创造能力和工艺技巧也是必不可少的。"合此四者然后可以为良"指出了只有这样才能完成一件完美的作品。古人的智慧和经验论述了一个经久不变的道理。在产品设计的过程中,设计师要有一个全面性的观点:时间、空间、材料、构思,四者缺一不可。这是一种系统的造物观,这和现在强调要"把产品放到一个具体的情境中去设计"不谋而合。"材美工巧"的理念对于之后中国几千年的工艺美术史都产生了重要的影响。《考工记》从"和"的理念出发,体现了一种尚法自然、天人合一的设计观,以及注重内在统一,顺应大局,与自然相融合的设计思想。

来看一个具体的例子,《考工记》在介绍马车设计的时候是这么写的:"轮已崇,则人不能登也;轮已庳,则于马终古登阤也。故兵车之轮,六尺有六寸,田车之轮,六尺有三寸,乘车之轮,六尺有六寸,六尺有六寸之轮,轵崇三尺有三寸也,加轸与轐焉,四尺也,人长八尺,登下以为节"。这段话的意思是说,如果车轮子太高,人就爬不上去;如果车轮子太低,马拉车就很费力。根据不同的功能,用于作战的车、用于耕地的车和用于人乘坐的车要有不同的尺寸。马车尺寸要以人体的尺寸为设计标准,以方便人的活动为原则。这个例子体现了中国古代设计师"以人为本"的设计理念,根据马车不同的功能提出了不同的产品设计尺寸。这个例子也反映了"形式追随功能"的设计理念,以人的身高为基准确定了产品的尺寸,这是现代"人机工程学"的意识。难能可贵的是,这种朴素的人机工程学不仅关注到了用户,还推及到了拉车的马上面。在前文介绍的二十世纪各种设计思潮中,一直有关于形式和功能的探讨与反思。其实先秦时代的《考工记》就已经达到了"形式追随功能"这个思想高度,对于现代设计师来说,更值得借鉴和学习。

---

① 李约瑟:英国近代生物化学家、科学技术史专家。
② 朱光潜:中国现当代著名美学家、文艺理论家、教育家、翻译家。

6.1.2 天工开物

《天工开物》是另一部伟大的著作。从某种意义上来说，它是《考工记》设计理念的传承。《天工开物》是中国明代科学家宋应星所著的工艺文献。这本书记载了中国明代中叶以前的工艺技术，是一部综合性的科技巨著，被称为"中国十七世纪的工艺百科全书"。《天工开物》全书分为18篇，一共附有123幅插图。插图使用了整页插图或者连页插图的形式。这对于当时以文字为主的书籍来说是一个很大的改变，说明绘制者在处理画面形式时不需要考虑文字也能够将信息准确地表达出来。这就是现代设计师一直推崇的信息可视化。书中的插图绘制精细、比例协调、简约明晰，从现代设计审美来看，依然是优秀的插图设计。

《天工开物》所提供的造物设计思想，比如自然观、和谐观、科学观、实用观等，都为构成现代设计理论提供了有力的支撑。

1. 自然观、和谐观

"天工开物"指的是天和人要相互配合，自然界的行为和人类的活动要相互协调，通过技术从自然资源中开发产物。"天工开物"还有一个内涵——自然界本来蕴含着美好而有益的东西，但不会从天而降、轻易取得，必须要凭借人力和技术通过水、火等自然力的作用，再用金属、木石工具从自然界中开发出来，为人所用。"天工开物"的思想体现在设计中即要求设计应该顺应自然规律和科学规律，尊重生态伦理。这种强调人工行为与自然行为相协调的思想跟近年来才被提出的生态设计的思想不谋而合。

例如，《天工开物》中有一张插图，介绍水车的设计。从图中可以看到，古代设计师因地制宜，完美地借用了自然力带来的能量，如图6.1所示。同时，水车造型简洁大方，结构轻巧、灵活而富有机械美，既节约了资源，保护了生态，又赋予产品以简洁的审美，对现代设计具有启迪意义。

2. 科学观

这部著作体现了工艺技术的严谨性。作者宋应星深入全国各地，对工艺进行长期的观察和记录。在一些造物设计分析中，宋应星使用了定量描述法，体现了系统而科学的设计方法。例如，书中详细说明了各种农作物和工业原料的种类、产地、生产技术和工艺装备，描述了它们内部细致的专业分工，还附有多幅工艺流程插图。书中对生产各种产品所需要的时间、人力、产量，生产工具的规格、尺寸、效率，各种金属的密度，合金成分的比例，火器的射程和杀伤力等，都做了具体的说明。对各技术过程的定量描述，是该书的一大成就。与传统的中国古籍相比，这是破天荒的改进和创新。

图6.1 《天工开物》水车设计插图

—101—

3. 实用观

在造物设计思想方面,《天工开物》表现了一种以民间造物技术为主、实用、朴素的设计风格。在不同的设计、技术、生产环节的描述中,反对雕饰,注重实用。例如,书中的每个技术设计部分,都强调了法、巧、器三个要素,即工艺操作方法、劳动者的操作技能和工具设备的结合。人只有凭借技术作用于自然界,才能实现开物的过程。这突出了重实践、轻空谈、重试验、轻考证、重实用技术、轻神仙方术等思想追求,如图 6.2 所示。

图 6.2 《天工开物》插图

6.1.3 中国传统造物观

除了以上两部系统的著作,中国传统造物观体现在文化的点点滴滴中。

1. 形式与内在的统一

"技以载道"是我国古老道器观的一种总结,始于先秦,指的是技术承载着思想,功能和形式要相互制约和平衡,从而达到和谐统一。

"文质彬彬"出自论语。"文"指的是色彩各异的线条，引申为物品的形态美，"质"指的是个人的内在道德品质，连在一起就是君子的内在道德品质应该与外在的行为和仪表相统一。孔子提出的"文质彬彬"强调了行为与思想的统一，形式与内在的统一。美和生活是密不可分的，美的内容与人息息相关，设计师应该挖掘体现产品内在的感性因素和审美文化，使美存在于社会生活中。

例如，明式家具代表了中国家具设计史上的巅峰，从选材、结构、工艺到装饰、品质、美学等多方面都达到了历史的最高标准，如图 6.3 所示。明朝当时社会稳定、经济富足、文化繁荣，众多的文人志士参与到家居设计中来。文人志士多偏爱清新质朴、淡雅大方的艺术情调，这种文化内涵直接使明式家具形成了简洁清秀的设计风格。明式家具成了当时文人展现自己品位和修养的一种载体，是一种主观精神的体现。明式家具自然流露出的文人风骨，体现着深厚的文人文化内涵。明式家具是现在流行的简约设计风格的鼻祖，这种对人灵魂层面的关怀即使在现代家具设计中也很少触及。

图 6.3 明式家具

2. 以用户为中心

荀子[①] 提出了"重己役物"，指的是要以人自身为主体，物品是为人所用，主张用积极的态度来处理人和物的关系，也就是要让物适应人，而不是人适应物。这和现代设计中的以用户为中心的设计、人性化设计的理念高度一致。以用户为中心的设计是指在设计过程中以用户体验为设计决策的中心，强调用户优先的设计模式。人性化设计则是指在设计过程当中，以人为中心，凡事以人的感受和趣味为中心点出发进行设计，站在人性化的角度来设计产品。"重己役物"思想与"人性化设计"的一致性，是对现代设计的启示，也是对我国古代思想的吸收与传承。

---

① 荀子：战国著名思想家、文学家、政治家。

3. 创新性

"匠心独运"来源于唐朝诗人孟浩然的诗集。"匠心",是工巧的心思,指在技巧和艺术方面的创造性。"独"为独特,"运"为运用。"匠心独运"指的是独创性地运用精巧的心思,形容巧妙而独具一格的艺术构思。这反映了中国古代文人在艺术创作时很看重创新性。如果创造的作品没有进步和变化,一味地重复前人的东西,那么设计就失去了它原有的价值。因此设计要有创新的精神。

4. 实用性

王艮是明代著名的哲学家,他提出"百姓日用即道"。这指的是,圣人之道就在普通百姓的日常生活中,只有在生活中才能认识到。"日用即道"是生活的哲学,也是设计的智慧,以普通大众的生活为标尺衡量世间万物。只有将文化元素融入人们日常使用的产品中,文化才能真正被人们感悟到。这种设计理念具有非常超前的意识价值。

中国传统设计是伟大的、综合的、系统的、文化的、超越的。它的实用性与审美性相统一,为现代设计提供了很好的借鉴。当代设计中,如果能将传统文化进行现代化的演绎,可以增强民族自信心,打造自己的民族品牌,提高文化产业实力。

6.2 IP 多元转化

IP 是什么?IP 不是 Iphone 的简写,也不是常说的网络协议 IP 地址。这里 IP 指的是知识产权(Intellectual Property)。IP 主要由著作权、专利权和商标权三部分组成。

当前,整个文化产业都在热火朝天地炒作 IP 概念。迪士尼集团创作了一系列经典的 IP。该集团以动漫为起点,将流行的卡通形象做成玩具、服装,并建造迪士尼乐园主题公园,形成了媒体网络、主题乐园、影视娱乐、周边产品和互动娱乐五大业务板块。《全球特许》杂志发布了 2023 年全球授权商研究报告,迪士尼集团以 617 亿美元授权商品零售额排名第一,集团近十年来一直凭借庞大的 IP 内容稳居榜单前列。

6.2.1 博物馆 IP

博物馆是巨大的 IP 宝库。目前,各大博物馆都在用不同的方式销售 IP 产品并变现。英国大英博物馆、法国卢浮宫和美国大都会博物馆并称为世界三大博物馆。大英博物馆的藏品主要来源于英国 18 至 19 世纪对外的扩张,它收藏了来自世界各地的文物和珍品。大英博物馆的纪念品商店有一款经久畅销的文创产品小黄鸭，这是日常可见的洗澡专用玩具。小黄鸭在1970年就已经有了各种样式，比如狮身人面像、日本武士、古罗马战士和维京海盗等。卢浮宫以收藏丰富的古典绘画和雕刻闻名于世。仅仅凭借名画《蒙娜丽莎》这一件藏品，卢浮宫就开发了一系列周边产品，把神秘的微笑印在了各种杯子、本子、耳机、衣服等日常用品上。大都会博物馆的文创产业也已经非常成熟了，在全球拥有多家商店，并且融入了当地特色的元素，使产品更具有地域性。

说到中国的博物馆，故宫博物院（简称故宫）是第一大 IP。故宫拥有 180 多万件藏品，包含着大量的历史信息。故宫的建筑、文物、历史故事都可以成为设计团队取材的宝库。近些年，故宫一改严肃、古板的面孔，以越来越亲民、年轻的姿态出现在公众的视野中。故宫博物院正在将故宫文化推广应用到各个领域。

在影视娱乐方面，故宫与中央电视台合作，推出了《我在故宫修文物》系列纪录片，让人们看到了中国传统的工匠精神。这部纪录片迅速走红，豆瓣评分高于《舌尖上的中国》。故宫又与北京电视台合作，推出《上新了，故宫》综艺真人秀节目。每期的嘉宾跟随专家进宫识宝，联合高校设计专业学生，与顶尖跨界设计师一起打造引领潮流的文创产品。《上新了，故宫》将创新与文化结合，让故宫焕发新生。

在媒体网络方面，故宫官方微信公众号发布名为《雍正：感觉自己萌萌哒》的推文，顿时刷爆朋友圈。后来，故宫官微又陆续发布了《朕生平不负人》《够了！朕想静静》《你们竟敢黑朕？》《朕是如何把天聊死的》等结合历史故事的推文。推文大多配有颠覆传统印象的君王形象，深受年轻人的喜爱。

在展览展示方面，故宫博物院利用信息技术提高文化产品的创新性和生命力。故宫博物院举办了清明上河图 3.0 高科技互动数码艺术展。一幅 30 余米长、近 5 米高的巨幅动态高清投影将清明上河图的盛世长卷展现在观众面前。设计团队基于画中的元素制作了动画效果。球幕影院采用一镜到底的技术，描绘了汴河从白天到傍晚的生动景象。这是融合了科技、文化与艺术三大元素的展览。清明上河图已不再是泛黄的一张图，而是一段徐徐展开的历史记忆。

故宫博物院还推出了故宫 VR 体验馆。借助 VR 技术，观众突破了时空的限制，摇身一变成了古人，在鲜活的历史场景中行走、触摸和体验。故宫博物院第六任院长单霁翔[①] 说："故宫是一个非常复杂的世界文化系统，我们花了大量时间，依靠各种新技术，用更科学的办法对待文物、服务观众。"

在互动游戏方面，故宫博物院与腾讯联合推出了《故宫：口袋宫匠》功能游戏。十大宫殿场景、50 多种室内外的陈设，都经过故宫专家精心挑选和严格审核。在游戏中，玩家将化身为一位能工巧匠，在"骑凤仙人""宫廷御猫""脊兽小工匠"等游戏角色的陪同下游玩"养心殿""慈宁宫"等宫廷建筑群。玩家不仅可以练就"云造故宫"的精湛技艺，还能约战好友切磋一番。

---

① 单霁翔：高级建筑师、注册城市规划师，曾任故宫博物院院长，现任故宫学院院长。

在文创产品方面，故宫的设计师们脑洞大开，天马行空，又接地气，如视频6.1所示。以"朕"为主题的系列产品有许多，如"过来，抱朕"霸气的枕头、把朕的身份印在头顶上的帽子、"朕亦甚想你"的折扇、"朕实在不知道怎么疼你，万不可与人知道"的红包、"朕本布衣"帆布袋、圣旨和密奏笔记本、"朕就是这样的汉子"的情侣衫、"朕甚爱饮他"的水杯、"朕不能看透"的眼罩，以及朕微服私访的登机牌、朕穿的龙袍手机壳……故宫淘宝还开发了以卖萌为主的俏格格娃娃，以及符合当下吸猫文化的故宫猫玩偶。此外，故宫还开发了围绕皇家生活主题的系列产品，如佛珠耳机、无所不贴的胶带、国宝色口红、国宝色彩妆、冷宫御膳房冰箱贴、故宫日历等。故宫现在已经开发了一万多件文创产品，一年可创造十亿元的销售额，近亿元的利润，当之无愧是国内文创第一IP。

视频6.1 故宫文创产品

基于故宫淘宝的成功案例，淘宝发布了"国宝联萌计划"，致力于让国宝IP生活化、年轻化。代表中华文化精髓和科技的兵马俑、川剧、敦煌、长城、西湖、长征火箭、中国航母、中国天眼都扎堆来到淘宝开店，用创意让国宝融入日常的生活。淘宝的"国宝联萌计划"正以强大的商业孵化能力，联动千万卖家共同开发国宝的价值，衍化出国宝IP的无限可能，让天下没有沉默的国宝。

6.2.2　国货IP

600多岁的故宫这么能"玩"，成了新晋网红，比它年轻的老字号们也不甘落下风。当下，跨界已经成为不少国货品牌的新话题和新方向。老字号们不再倚老卖老，而是与95后、00后心中的时尚IP合作，变身潮牌，如视频6.2所示。

视频6.2 国货创新设计

六神花露水和RIO合作，推出了清凉味的鸡尾酒，而且用了限量发售饥饿营销的套路，一个空瓶子就被炒到了400元。泸州老窖推出了"泸州老窖"牌定制香水，这款香水一出来，立刻成了网红。美加净与大白兔合作，推出了奶糖口味的润唇膏。国民品牌娃哈哈推出了彩妆盘。英雄金笔与中影集团坐到了一起，借用电影《流浪地球》中航空英雄的形象，推出联名款英雄钢笔。童年时吃得停不下来的旺旺雪饼现在被做成了气垫BB霜。最让人惊讶的是福临门和阿芙合作的卸妆油，食用油的外包装里竟然是卸彩妆的产品。其脑洞之大实在让人惊叹。或许大众相信，作为食用油品牌的福临门打造的这款产品一定是纯天然又安全。

现在的年轻人，非常乐于表现对中国文化的热爱。举一个例子，现在大街上穿着汉服唐装逛街的基本都是90后、00后。年轻人对于国风、国粹的热情并未得到完全的满足。生活化是文化最好的传承方式，将文化融入日常使用的场景中，变成服饰和生活用品的图案，能在润物细无声中增强人们对文化的感知。

讨论题

近年来，知名 IP 转化设计成为热点，很多联名款产品成了爆款。请举例介绍一个 IP 成功转化的设计。

6.3 非遗保护和设计

文化遗产是历史留给人类的宝贵财富。作为五大文明发源地之一，千年悠久历史熏陶下的传承至今的中国物质文化遗产和非物质文化遗产（非遗）称得上是蔚为大观。这不仅是劳动人民千百年来的智慧结晶，也是中华民族性格和审美的总结。物质文化遗产，指的是有形的文化遗产，比如文物、建筑群和文化遗址。非物质文化遗产，根据联合国教科文组织的定义，指的是各团体和个人对于他们的文化遗产进行的各种实践、表演、表现形式、知识体系和技能及其有关的工具、实物、工艺品和文化场所。

按照认定机构级别的不同，非物质文化遗产有着不同的名录。经联合国教科文组织评选、确定而列入《人类非物质文化遗产代表作名录》的遗产项目是人类非物质文化遗产，记录着人类社会生产生活方式、风俗人情、文化理念等重要特性，蕴藏着世界各民族的文化基因、精神特质、价值观念、心理结构、气质情感等核心因素，是全人类共同的宝贵财富。截至 2024 年，中国的京剧、二十四节气、书法等共 44 个项目入选，总数位居世界第一。国务院发布了《关于加强文化遗产保护的通知》，并制定了国际、省、市、县四级保护体系，分别有国家级、省级、市级、县级非物质文化遗产名录。非遗的保护和传承需要以年轻群体更能接受和欣赏的方式，也需要符合当代年轻人的审美。

6.3.1 刺绣设计

由于近年来对非遗的保护和传承，中国的一些传统工艺正在慢慢国际化，走向世界。中国的刺绣起源于三千多年前的苏州，之后遍布全国。苏州的苏绣、湖南的湘绣、四川的蜀绣、广东的粤绣各具特色，被誉为中国的四大名绣。

众多享誉全球的国际奢侈品牌都将中国刺绣融入设计，从服装到配饰，从大面积的主色花纹到小部分的修饰点缀，让浓浓的中国风走上国际秀场。典型的产品有 Gucci 的虎头帽、LV 的外套、LEONARD 的女装外套和维多利亚的秘密睡袍等。

除了融入时尚产业，中国非遗传承人也在探索刺绣的更多应用场景。罗泾十字挑花是一种在土布上"挑花插线"的民间艺术，曾在罗泾地区盛行三百余年。传承人提取非遗元素，将它用在了包袋设计上，以及一些小产品上，比如万花筒。与耗时耗力的纯手工展品不同，这些文创产品手工成本较低，容易被消费者接受，通过美术馆设计周等平台，可以快速被输送至市场。

6.3.2 二十四节气设计

二十四节气来自中国古代对于自然的认知，与中国人的生产生活和节日庆祝息息相关，2016被正式列入联合国《人类非物质文化遗产代表作名录》。围绕二十四节气的设计有很多，比如二十四节气标识设计、海报设计、应季的糕点设计，还有日历设计等。

"承包你一年的糕"是中国美术学院视觉传达设计品牌工作室为北京国际设计周"二十四节气"创意产品设计大赛创作的设计作品。方案中不但有各自对应的糕点，同时包含了一整套视觉形象设计，为传统老字号品牌稻香村增添了新活力。传家日历用优美的插画讲述每一个节气甚至每一天的文化故事。这些作品不仅为现代年轻人提供了认识自然、顺应自然的重要参照，也增强了中华文化的艺术创意和国际化表达。

6.3.3 新技术助力非遗传承

新技术与旧传承的碰撞融合，能够擦出符合当代审美的火花。高新技术的不断推进为文化遗产的传承提供了动力。

在湖北长阳土家族自治县，传统仪式舞蹈"撒叶儿嗬"被列为国家级非遗名录。在传统的非遗歌舞保护中，录制视频音频是主流方法。然而，视频的观看角度有局限性，观众难以看到舞蹈的全部细微动作。华中师范大学国家文化产业研究中心采用三维动作捕捉技术，一方面，将民俗舞蹈类非遗数字化，使其得到完美的复制，摆脱了非遗传承过分依赖传承人的困境。另一方面，设计团队将"撒叶儿嗬"改编成广场舞，让这种传统的曲高和寡的舞蹈成为人们茶余饭后锻炼身体的项目，为这项濒临失传的非遗注入了新活力。

内蒙古自治区使用全息幻影成像技术，打造沉浸式互动舞台。观众无须借助任何工具，就能穿越时空，与虚拟演员学习蒙古族传统舞蹈筷子舞、顶碗舞等。除了全息舞蹈，全息蒙古族婚礼和全息祭敖包等产品也可以让观众亲身体验传统文化的魅力。

百度推出"文化遗产守护者计划"，运用AI技术赋能文物保护单位、非物质文化遗产和传承人，搭建文化遗产的公益平台。通过百度内容生态的传播和公益项目牵引，文化遗产以生动的方式被更多人了解，推动了文化产业创新和传统技艺的传承传播，弘扬了大国工匠精神，使新时代的文化自信深入人们生活。比如，百度与秦始皇帝陵博物院展开合作，通过AR技术对兵马俑进行了"复原"。由于年代久远，流传至今的兵马俑已经不复昔日的颜色，还有些兵马俑存在肢体残缺的问题。借助百度的人工智能技术，游客只需要用手机对着兵马俑扫一扫就可以看到两千年前彩色的兵马俑。利用这种 AR 技术，百度还展示了一系列非遗制作工艺，比如桃花坞年画、潍坊风筝、苗银、侗族大歌、百鸟羽衣、金箔和云锦。

6.3.4 开物成务专访

在科技产品大行其道的当下，文化元素如何融入科技数码产品并生根发芽是值得探究的设计问题。开物成务是专注于传统工艺美术创新应用的东方美学品牌。他们把雕漆、刺绣、竹编、陶瓷等中国传统工艺美术材料，通过科技、工艺、装备的创新，将设计的力量应用在消费产品上，从而实现非遗保护及传统消费产品升级，也让更多人能够享用充满中国气质的美物。作者邀请并采访了开物成务的创始人兼 CEO 王素娟女士，如视频 6.3 所示。

视频 6.3 开物成务专访

1. 开物成务的内涵

周磊晶老师：请您分享一下开物成务这个名字的由来。

王素娟女士：开物成务这个词来源于《易经》。它的本意是通晓万物之理，得以办好事情。我是在查找传统竹器具的文献的时候发现了这个词，然后发现它非常契合我们做产品的方法论。"开物"是解构的过程，比如分析刺绣的绣片、竹雕、雕漆这些传统工艺品的材料属性和文化属性的过程。"成务"是再造的过程，结合我们工业设计的转化力量，通过科技装备和商业模式的创新，把传统工艺和现代消费产品结合。所以"开物成务"就是解构与再造文创产品的过程。我们的初心是保护非遗和升级传统消费产品。

2. 开物成务的产品设计

周磊晶老师：基于这种解构加再造的方法论，请您介绍一下开物成务开发的产品。

王素娟女士：现在都在讲 IP，有些产品摆在那里，它不需要翻译与解读，就能看出来源于中国，例如雕漆、竹雕和刺绣。这三大工艺都在 2006 年被评为国家级非物质文化遗产。它们都是中国独有的。我们认为这是非常大的 IP。我们基于这三种工艺，尝试着做了一些产品。

第一是竹雕工艺产品。我们有一个产品叫中国尺。线条的一厘米代表 100 年，抛物线代表时代的兴衰。这是从政治、经济、文化、教育、科技五个维度的显性表达，是一眼千年。

第二是雕漆工艺产品。传统的雕漆作品要刷 30 多遍才增厚一毫米，极其难以干燥。往往一小块雕漆就价值上千元。因此，全国在做相关产品的人数非常少，不过几百人。我们在雕漆的工艺流程上做了一个材料创新，把天然漆的成分降低。这样，它就可以迅速干燥变成漆板。然后，我们再用精雕机对它进行雕刻，并通过手工打磨、手工做旧，就变成一个半机器、半手工的产品，完完全全保留了雕漆的形态和文化特性，但是又可以批量化生产。

第三是刺绣工艺产品。四大名绣之中的湘绣，有一句美誉叫"绣花能闻香，绣鸟能听声"。我们将它和蓝牙音箱进行了结合。湘绣款音箱的开机音乐是小鸟的叫声，苗绣款音箱的开机音乐是小姑娘唱苗歌。有一个词叫"文质彬彬"，就是指形式和内容的统一。这个小鸟其实是大有来头的。它源于传统的湘绣作品百鸟朝凤。百鸟朝凤本身是很有吉祥寓意的，指位高权重者众望所归，含义很美好。我们在其中提炼了一只小鸟的形象。我们90后设计师提出不想做凤凰，就想做小鸟，这是符合当代人的审美和消费者的趣味的。这个小鸟身上有47种丝型，所有的造型和线条，都做了标准化。通过纳米镀层的处理，我们可以解决一般刺绣作品不耐脏和不耐磨的问题。针对这只小鸟，开物成务做了一些努力，第一次针对传统的刺绣工艺做了一个QC[①]系统。在对刺绣工艺进行标准化和模块化之后，绣娘就可以在家一边绣花一边养家。所以，这也是个设计扶贫的案例。每一位绣娘绣的是单一的SKU[②]，这样就是每天只绣这一只小鸟。原来不熟悉的时候，绣娘一天绣一只，现在一天可以绣三四只，这样就可以接到长期的稳定的订单。我们将绣片和不同的载体结合，做了一系列产品，包括移动电源、手机壳和指纹解锁笔记本等。模块化的设计成本可控、产能有保证。我们将工业化的思路运用在了传统刺绣作品上。我们希望推广的设计理念是"每一只小鸟都是独一无二的，是绣娘一针一线绣出来的"，它非常契合礼品属性。

3. 文化解读与产品设计

周磊晶老师：在文创产品设计中经常会经历一个研究的过程。当用到一种传统工艺或者纹样时，设计师需要花很多精力去挖掘它的文化内涵，需要追本溯源。这其中可能会遇到一些困难，请您介绍一下您是如何解决此类问题的。

王素娟女士：我认为做文化类产品最难的就是时间积累。现在不少人心浮气躁，想要着急做产品。关于开物成务，我们之前认为"成务"是最关键的，就是我要做什么样的产品，但是现在觉得"开物"也非常关键，就是我们一定要沉下心去进行文化的解读。我们怎么样才不会把这么美的东西误读，怎么样才能把它的美准确地翻译出来，这是需要时间积累的。我会做很多文化解构的工作，但我个人的文化修养也有限。所以，我们会借助很多非遗老师、传统手工艺人和工艺美术大师的帮助。我们会组成一个小队，邀请传统工艺端的老师进来，再匹配我们自己的设计师。

4. 开物成务的产品设计含义

周磊晶老师：当今产品设计主流的审美观是追求扁平化和现代简约的风格，而贵公司的设计其实都用到了一些比较繁复的工艺和花纹，请您介绍一下这些产品在当代的特殊含义。

王素娟女士：我身边全是一些产品设计师，其中不乏在国内国际上获大奖的。其实大家在闲聊的时候都有一个心结，都想做中国的设计。那什么叫中国的设计？这可能需要一个载体和一个切入点。从我的角度来看，传统的工艺美术就是几千年的文化积淀，是从那个年代的生活用品中提炼出来的。例如，刺绣图案，可能是从绣花的枕头、包包、小孩的背带中提炼出来

---

① QC：Quality Control 的简称，品质控制。
② SKU：Stock Keeping Unit 的简称，库存保有单位。

的,所以它有很浓的民意在里面。大部分中国的设计师都想做中国的无印良品。在我们的背后,印刻着几千年非常深厚的文化积淀。这个烙印,它就是繁复的,可能就是中国红,非常跳眼的。它完完全全区别于那些所谓的扁平化风或者简洁风。那些都是德国包豪斯体系的,或者是日本的文化风格,是他们背后的一些烙印。我们想要做的是一个"有印国品",这个烙印是个品牌,也是个标志,是我们背后的文化在我们身上打下的烙印。

讨论题

请分享一个优秀的非遗保护案例,谈谈从中获得了什么启发。

6.4 清明上河图数码艺术展专访

上一节展现了与非物质文化遗产相关的产品设计。运用服务设计思维同样能构建非遗设计的策略和实践,以实现多方共创非遗文化与衍生品,为非遗设计提供新思路。

6.4.1 清明上河图数码艺术展

北京故宫博物院和凤凰卫视合作开发的清明上河图 3.0 数码艺术展,是一个很好的基于非遗的服务设计案例。清明上河图作为中国十大传世画作之一,目前被收藏于北京故宫博物院。很多民众视其为国之瑰宝,不惜通宵排队也要一睹芳容。但是对于脆弱的古画来说,展一次便伤一次。因此,如何更好地诠释和传播古画及古画背后所代表的北宋的文化和历史成了一大难题。而科技可以为文化插上传播的翅膀,让文物活起来。

国内 30 多位顶级画师历时 2 年用全手工绘制的方式将清明上河图中的 814 个人物、29 艘船、83 个牲畜全部精细复原,制作出了 30 多米长的动态盛世长卷,如视频 6.4 所示。画中著名的建筑虹桥全部由木材修建而成,宽阔坚固得能并排行驶几辆装满货物的马车。桥上的行人各具形态,熙熙攘攘,书生在桥上看着风景,高谈阔论。汴河上也排满了客船,热闹非凡。沿街的商铺中,有着巨大灯箱的酒楼在门口悬挂着酒旗风招揽客人;又因为宋代人爱喝茶,茶馆如今日的咖啡馆一般随处可见;画中还有一家饼店,卖的是现在维吾尔族人爱吃的馕。街上有修车的匠人,有求医的病人,也有讨价还价的商贩。农民挑着箩筐向城门走去,车夫载着满车货物进城,来自不同社会阶层的人在城门内外交会,有人靠在城墙边聊天,有人从高高的城楼向下张望,有人牵着骆驼从城门走出。这些细腻的描绘让这幅古画焕发出勃勃生机,仿佛进入了画中的北宋时代。

视频 6.4 动态清明上河图

从清明上河图出发，展览还展出了一系列宋代的历史和文化知识，比如宋朝的政治制度和礼乐制度，比如宋朝老百姓的市井生活。展览中采用的球幕影院就像是不用戴VR头显的全景式影院，180度影片采用一镜到底的技术，描绘了汴河两岸的生动景象，将原作画面还原成视觉上可移动的立体空间。置身其中，仿佛正行驶在清明上河图的汴河上，观赏着"两岸风烟天下无"的人文盛景。从球幕影院出来，有一个小型图书馆，展示了清明上河图相关知识的参考书籍。

在展览中，有一块独立的区域，叫宋"潮"游乐园，如视频6.5所示。映入眼帘的是精致的鱼龙花灯，营造出了一个独具匠心的宋朝上元灯会。这是由故宫博物院和凤凰卫视专门为亲子家庭合作打造的沉浸式体验。游乐园花灯上坠着灯签，灯会两旁是各种有趣的体验店。在吉象童戏院，动画形象凤凰吉象带小朋友体验宋朝的生活。在时光印书

视频6.5 宋"潮"游乐园

铺，店铺展示了中国四大发明之一活字印刷术，游客可以自己体验拓印一幅宋词。一首来自秦观的《鹊桥仙》："金风玉露一相逢，便胜却人间无数"，让人体会到宋词之美。在隔壁的刘家瓷器铺，可以看到将宋代极简美学与中国汉字结合的茶杯设计。千字杯也可以用来为宋词盖章。在京华年画坊，以年画中财神为形象的红包很受欢迎，游客可以自己拓印一幅年画带回家，体验冬至在家挂年画的传统习俗。在吉象画院，一幅由香港和内地小朋友共同完成的画作很吸引眼球。小朋友用鲜艳的色彩在长卷上描绘出香港、澳门、上海、北京等中国大城市的建筑，还结合中国二十四节气和传统活动，表现出了既传统又现代的美好景象。在陈家茶肆，游客可以观看茶道表演，学习了解宋代的煮茶方式。汴京扇子铺，展示了国家级非遗缂丝工艺，这在宋朝一直是皇家御用之物。在介绍中国传统工艺美术之余，汴京扇子铺古为今用，为小朋友们设计了袖珍可爱的团扇。游乐园的最后一站，是著名艺术家徐冰先生创作的江山万里图。走到这幅雾色迷蒙山水氤氲的画作背后会发现这幅画是用枯树枝和玉米壳等废弃材料拼接制作成的。

清明上河图主题的数码艺术展用现代艺术赋能想象力，激活了宋朝古画、宋朝元宵灯会的景象，让文物重获新生。

6.4.2 策展人专访

作者邀请并采访了清明上河图3.0数码艺术展宋"潮"游乐园的策展人，同时也是凤凰吉象的IP创始人顾野生女士，她将为我们解读展览背后的故事，如视频6.6所示。

视频6.6 艺术展策展人访谈

1. 宋"潮"游乐园展览的设计初衷

周磊晶老师：请您介绍一下您设计宋"潮"游乐园展览的初衷。

顾野生女士：我人生最大的梦想就是能在故宫博物院给小朋友做一个游乐场。小朋友未必

喜欢故宫，因为这个东西不能摸、不能吃、不能碰，所以不够好玩。如果希望小朋友能爱上故宫，那就需要把故宫做得像游乐园一样好玩。所以我在尝试，在一步一步地接近，甚至可以慢慢地走到我想要去的那个终点。然后我就借着清明上河图做了一个实验，刚好公司要做一个香港展，然后我想着是不是可以打造一个宋朝的游乐园？宋代到底有没有游乐园的概念？宋代市民玩乐的地方是勾栏瓦舍，我产生这个想法的时候刚好是七夕。在古代，七夕是情人节，对小朋友来说也是乞巧玩具节。于是我们便打造了这个给小朋友玩的宋"潮"游乐园。

下一步，我们就在思考展览的架构。我们研究清明上河图、研究宋代有三年时间了，一直在看孟元老① 写的那本《东京梦华录》。书里提到上元灯会，也就是我们现在说的元宵节。节日十分热闹，连皇帝都要离开寝宫来喝酒，无论男女都通宵达旦地游乐，大家都去大街上赏灯。灯谜最早出现在宋代，大家很喜欢看各种各样的花灯。这次展览还请到了国家级非物质文化遗产第七代传承人张俊涛② 先生，他是汴京灯笼张的传承人。吉象画院就挂着他的花灯。

2. 宋"潮"游乐园展览的展品

周磊晶老师：请您分享一下宋"潮"游乐园展览的展品。

顾野生女士：宋"潮"游乐园的很多展品都是非遗产品。例如，吉象画院里的花灯——像针一样的万眼罗花灯、鱼龙花灯等。鱼龙花灯源于广东顺德大良的鱼灯，艺术家温秋雯③ 女士运用纸艺重新再设计，从而形成了如今的鱼龙花灯。鱼龙花灯的灯签用的是徐冰④ 先生的英文方块字。凤凰吉象和很爱画画的建筑设计师鱼山饭宽⑤ 一起创作了一个给小朋友的字画灯谜。这个字画灯谜，既是灯谜，又是一幅画、一句诗词，能够让小朋友去猜。我们打造的其实就是一个来自宋代，但是又很"潮"的上元灯会。

3. 宋"潮"游乐园展览的活动

周磊晶老师：请您分享一下宋"潮"游乐园展览的活动设计。

顾野生女士：因为灯会是在市集里面，所以一定要有吃的、逛的、玩的、体验的、想的等多个活动板块，我们把旅游可能包含的元素都放进去。

例如，活字印刷是非遗，木活字如今濒临消失，很少有人去关注和了解它。所以我们希望让小朋友了解一千年前的人是如何制作一本书的，让小朋友用活字印刷拓印一首宋词。

---

① 孟元老：号幽兰居士，宋代文学家。
② 张俊涛：灯彩（汴京灯笼张）传承人。
③ 温秋雯：中国纸雕艺术家。
④ 徐冰：著名版画家、独立艺术家。
⑤ 鱼山饭宽：建筑师、艺术家。

宋代文人的四种生活方式包括插花、点茶、焚香、挂画。清明上河图里面有很多茶肆、茶馆，非常好玩。那我们就希望给小朋友介绍古人在一千年前喝茶的方式。喝茶对于他们来说也可以说是一种游戏，那他们是怎么玩这种游戏的？《东京梦华录》及宋徽宗[①]的《大观茶论》都谈到喝茶游戏的内容。我们想让小朋友了解点茶这项国家级非遗，他们需要在这一关完成一个任务：观看一场点茶，并在看完之后自己创作一个茶百戏。茶百戏就是在茶上面拉花，拉花这个概念不是西方创造的，其实是一千年前我们的古人创造的。在茶汤上作画非常雅，宋朝皇帝宋徽宗是这方面的行家，他一千年前就在研究如何拉花才能唯美。

刚刚提到了喝茶，那现在我们来聊聊挂画。我们做了一个二次元的美术馆，叫吉象画院，里边临摹了很多故宫的古画。我们打造的二次元美术馆，不仅让卡通形象能够穿越，用卡通的方式来重新演绎古画，最关键的是希望能够建立一个美美与共、天下大同、美可以让大家一起参与的理念。于是，我们召集了香港的小朋友和内地的小朋友一起创作了一卷八米的儿童版清明上河图，在这次香港展的吉象画院里正式展出。除此之外，清明上河图里有一家店铺叫王家纸马，平时售卖纸钱，过年期间会售卖年画。河南开封的朱仙镇是年画之鼻祖，朱仙镇木版年画是国家级非物质文化遗产。我们希望小朋友去感受我们的年画之美，感受这种古老的木版年画，其中也包含了拓印和活字印刷术的技艺。

此外，提到动画片，我们还有一个地方叫吉象童戏院。宋代的戏非常有意思，宋代兴起街头说书，在清明上河图里面就有说书的人。《东京梦华录》也提到了当时的勾栏瓦舍，其实有点像现在的综合商场，里边有吃的，有茶馆茶室，还有看戏的地方。所以我们就做了一个童戏院。这个童戏院的招幌很有意思，是古代唱戏的头饰。小朋友在童戏院里面能真的进入清明上河图中，跟着凤凰吉象感受自己作为主人公穿越时发生的故事，比如他去吃宋朝的点心。《东京梦华录》里面介绍了宋朝的一百多种点心，我们现在也在做激活宋朝点心的计划，把宋朝的月饼真正做出来。

4. 选择江山万里图的初衷

周磊晶老师：游乐园是以江山万里图作为最后一站的，请您分享一下选择它的原因。

顾野生女士：江山万里图很长，光画芯就九米多，在整个搭建过程当中挺繁琐的。我选这幅画是因为我在想也许张择端[②]和赵黻[③]曾有过一面之缘，可能还曾经一起喝过茶，是知己老友，又或者他们未曾谋面，但彼此知晓。江山万里图会让我感受到赵黻、张择端、徐冰之间有某种联系。大家也许会质疑在儿童区里放这么严肃的一个作品的恰当性，很多记者也问过我这个问题，认为它应该被放到外面的区域。我并不这么认为，因为我刚刚讲的很多场景都是很传统的东西，它运用了当代的设计理念重新进行再设计。那我应该如何去启发小朋友的思维呢？博物馆的英文 Museum，它的词根是 Muse，意为灵感创作的女神。它其实不是在强调知识，它强调的是一种迸发出来的火光般的灵感，智慧的源泉。我就希望用徐冰先生的这个作品来启发小朋友的思维。徐冰先生有一个签谜在鱼龙花灯上面挂着，叫艺术为人民（Art for People）。

---

① 宋徽宗：宋朝第八位皇帝，书画家。
② 张择端：北宋绘画大师，代表作有清明上河图、金明池争标图等。
③ 赵黻：南宋画家，唯一存世之作为江山万里图。

我认为他把我最想讲的话讲了，就是我们所做的展览，如果对小朋友能有一点点启发的意义，他们能玩得开心，那么所有的付出都是值得的。

6.5 文创产品设计

本节将从设计方法和设计思路的角度解读文创产品设计。文化创意产业是一个很庞大的产业，包含了广播影视、动漫、音像、传媒、视觉艺术、表演艺术、工艺与设计、雕塑、环境艺术、广告装潢、服装设计、软件和计算机服务等方面。这么包罗万象的产业，是否有共通的设计方法呢？无论什么样的文创产品，万变不离其宗，就是要将文化的实质性内容转化为设计中的主要元素。本节主要介绍三种方法，分别是文化视觉形象的应用、产品功能的文化构成和文化元素的意象性表达，它们是层层递进的关系。

6.5.1 文化视觉形象的应用

文化视觉形象的应用是最为普遍的一种设计表现方式。简单来说，就是把一些具有文化内涵的视觉形象直接应用在产品上。视觉形象可以是图腾、纹样、雕饰、绘画、照片等，产品可以是明信片、手机壳、帆布袋、帽子、鞋子、T恤、红包、茶杯等。设计师使用放大、缩小、重叠等手法，将这些传统的图案翻新，加以现代风格的排版，来触动消费者的视觉神经，形成独特的文创产品。

然而，随着人们审美品位的提高，翻新的图案已经满足不了市场的需求，对视觉形象进行趣味化和情感化的设计逐渐成为主流。例如，很火的国产电影《哪吒之魔童降世》《哪吒之魔童闹海》就趣味化地设计了哪吒的人物形象。这本是一个被翻拍过无数次的经典影视形象，而在这部影片中的哪吒画着夸张的烟熏妆，双手插兜，走着六亲不认的步伐，又赖又废，又痞又萌，活脱脱一个混世魔王。就是这样一个非主流少年，让观众忍俊不禁。片中还有女强人殷夫人、娘娘腔的大汉、操着四川口音的太乙真人。这些形象都能在现实生活中找到原型。这部电影拉近了观众和封神榜英雄之间的距离，所以很受欢迎。历史文物元素的选取需要考虑与时尚流行的融合，经过处理的视觉形象连接着过去与现在，体现着传统文化和现代文化的碰撞。

6.5.2 产品功能的文化构成

产品功能的文化构成，是指设计师将文化形象的原型结合现代生活方式，再创作成现代人生活中使用的产品。中国台湾文创品牌神话言，用当代创新精神，以创造性兼具艺术性的手法，

—115—

承载着华人经典文化,在餐具设计领域,获得业界一致认可。他们巧妙地将明永乐青花龙纹天球瓶的造型和酱碟的功能进行同构,设计出了"瓶安蘸福"。人们在使用"瓶安蘸福"蘸酱油的同时,体现了平安吉祥的美好寓意。这款设计赋予了明代著名瓷器之于现代人生活的新意义。他们还设计了一整套茶具"晨钟",将茶碗倒扣挂在木架子上,不容易落灰,造型像是编钟,如图6.4所示。这款设计获得了G-Mark设计大奖。神话言还设计了小乾隆茶壶,通过拟人化的造型,巧妙地将壶、杯、印章融为一体。壶身采用了素彩色釉的工艺,配以锦花纹饰,妥妥的是乾隆最爱的风格。日本清水寺出品了一款畅销的便签纸,把精细的纸雕融于日常的便签纸中。随着便签纸的使用和撕去,会逐渐浮现出清水寺建筑的模型。这类充满创意性的产品,在日常生活中实用性很强,使文创产品脱离了装饰、纪念的局限,真正进入大众的生活。这种设计方法立足于图案设计的基础之上,造型取自文化原物,然后从功能上进行再设计,既不失传统图案的精髓,又提升了产品的档次,符合人们的审美需求和实用要求。

图 6.4 "瓶安蘸福"和"晨钟"

6.5.3 文化元素的意象性表达

　　文化元素的意象性表达一般比较委婉含蓄。设计师通过选择文化原物上的部分元素,进行相应的文化意象性表达,建立产品与人类情感回忆或者历史痕迹的关联。人们看到产品的造型形态,被唤起某种情感思维,以造型作为表象,可以通过意境同构赋予产品生命。具备文化元素内涵的产品,是设计师追求寄情于物的结果。设计师将抽象的文化元素寄托于具体的客观物象,使文化得以鲜明生动地表达。

　　中国古代文人雅士爱竹,也写了很多诗词歌赋来赞颂竹子。宋代诗人苏东坡[①]曾写道"宁可食无肉,不可居无竹。无肉令人瘦,无竹令人俗。"可见,竹子在中国文人心中拥有特殊的意义。

---

① 苏东坡:北宋著名文学家、书法家、画家。

在"墨竹挂钟"这款文创产品中，设计师巧妙地把挂钟设计成一幅古香古色的文人画，如图 6.5 所示。竹叶被设计成指针，随着时光转动。

在 G20 杭州峰会的晚宴上，一套名为"西湖盛宴"的陶瓷餐具大放异彩，如图 6.6 所示。上海设计团队的创造灵感来源于西湖的自然景观。整套餐具体现了各种西湖元素和杭州特色。比如，工笔写意的图案来自西湖十景，冷菜碟用的是断桥造型，汤盅盖提手也取自桥的造型。而桥正是这届峰会的标志性主题元素。拼盘顶盖是三潭印月，茶壶像莲蓬，托盘像荷叶，

图 6.5 墨竹挂钟

壶盖提手处像水滴。茶杯上停着一只小鸟，仿佛就是从西湖飞过来的。整套餐具采用了中国人引以为豪的瓷器，China 在英文中的另一个含义就是瓷器。餐具圆润含蓄的造型体现了江南韵味和中国气派。功能多样的餐具，满足了东西方就餐的习惯，体现了礼仪之邦的精致讲究和大国风范。这套餐具的设计是前述三种文创产品设计方法的汇总和升华，既有直接模仿借鉴的视觉元素，也有功能性的文化造型元素。整套餐具的设计大气典雅，从各个细节体现了东方美。

图 6.6 "西湖盛宴"餐具

文化视觉形象的应用、产品功能的文化构成、文化元素的意象性表达，这三种设计方法层层递进，由形式到意境，浓缩了文化的精髓。创意设计可以把传统文化与现代生活联系起来，使文化具有浓厚的生活性，也使产品具有文化性和实用价值。设计师在进行文创产品设计时，应该选用合适的方法，契合人的心理特点和生理特点，使人们产生情感共鸣，唤起人深层次的归属感和认同感。

文化是人们生活的一部分，寄托着人们的情感，也记录着人们的哀思。"文化自信""工匠精神""复兴传统手工艺"是时下热点。如果传统文化封闭在孤立的空间，只能是一堆空洞的符号和呆板的素材，只会加速消亡。文化只有"活起来"，可知可感、可亲可近才谈得上被了解，也只有在此基础上才谈得上兴趣和敬畏。

讨论题

　　请分享一个有意思的文创产品，并尝试用本节的知识分析其中用到的设计方法。

小结

　　在设计过程中，考虑文化因素至关重要，因为文化不仅影响了人们的审美偏好，还塑造了人们的行为、价值观和社会规范。文化背景不同的用户对颜色、符号、图案及布局的理解和反应可能截然不同。设计师在创作时应当深入了解目标受众的文化背景，确保设计能够与他们产生共鸣，并避免使用可能引发误解或不适的元素。通过文化认同性，设计师可以创造出更具包容性、相关性和影响力的作品，从而有效地传达信息并实现设计目标。

第7章 设计赋能商业价值

引言

现阶段，设计已成为一项重要的商业服务。它能将某一品牌与竞争对手区分开来，从而最大限度地实现商业回报。设计能够帮助用户降低成本、提高销量、扩大利润率。创意产业已经成为全球经济的重要组成部分。全球各地的创意公司将创意与当地的独特文化组合，并且触发了很多跨时代的全球性设计和品牌理念。其中，有许多设计创新驱动型的公司都获得了巨大的商业成功，比如苹果（Apple）、爱彼迎（Airbnb）、色拉布（Snapchat）等。

虽然乔布斯已经离大众远去，但是他创立的苹果品牌仍然是当之无愧的创新设计魁首。苹果计算机在诞生之初，仅凭技术优势就足以在一众对手中脱颖而出，而乔布斯却把设计置于苹果产品开发流程的核心地位。他秉持精益求精的设计理念，从一开始就把极致外观和体验的追求融入计算机行业。公司的设计师全程参与到产品的开发过程中，为产品的最终体验贡献了自己的智慧。正是这种重视设计、重视用户体验的思想，让苹果公司在创立之初就引领了个人计算机的潮流。苹果公司的成功离不开乔布斯重新确立的苹果产品设计思想。苹果公司创造了一系列令世人震惊的产品，而苹果公司也连续数年成为市值最高的互联网公司。

7.1 品牌设计

品牌是产品和用户之间的桥梁。一个成功的品牌能够培养出相对稳定的用户群体，从而吸引更多的用户因为品牌知名度而去购买相关产品。在竞争日益激烈的今天，满足用户需求的竞争者如此之多。仅仅"满足需求"无法赢得用户，争夺用户已经成了常态。争夺用户的关键是进入用户的大脑和心智，抢占用户的潜意识，通过品牌定位与用户的特定需求产生紧密联系。用户想起个人需求时就会想起某个品牌，这才是营销成功的关键。

品牌设计是围绕品牌理念对品牌进行视觉梳理的视觉设计，涵盖整个品牌框架，会对品牌产生溢价作用。在品牌设计中，从品牌的推广到形象的设计宣传，都需要设计师的参与。设计师在赋予品牌的活力和打造品牌的视觉差异方面，扮演着重要的角色。设计师通过品牌设计，从视觉的角度来反映品牌的理念，并统一品牌的整体风格。可以说，设计师通过对品牌的设计行为刺激了用户的感官，从而加深人们对于相关产品的印象。这个过程涉及心理、图形、传播、营销等多个学科。

7.1.1 标志设计

标志（Logo）是品牌的简化表达方法。品牌识别往往依赖于标志的指引。标志实质上是一个符号，使用户能够认识并且留下印象。著名设计师保罗·兰德（Paul Rand）[1] 说过："理想的商标应该是简单、优雅、经济、灵活、实用、令人难忘的。"一个品牌被人们认识，通常是从它的标志开始的，如图 7.1 所示。

图 7.1　兰德设计的著名标志

一个经典的标志能够吸引用户的注意，影响用户的心理，比如兰德设计的"IBM"企业标志就是一个典型案例。国际商业机器公司是一个以生产打字机、计算机和计时器为主要业务的企业。1956 年，公司主席沃森（Watson）认为当时的设计比较陈旧，并不能代表公司的形象。于是，他邀请兰德为公司设计一个"具有非常先进理念又前卫"的标志。兰德把难以记住的"国际商业机器公司"（International Business Machines）名称缩写为 IBM，以便于传播和记忆，并设计出了一直沿用至今的 IBM 的黑体字。结合 IBM 公司以事务机器及打字机起家的这一历史，兰

---

[1]　保罗·兰德：美国杰出的图形设计师、思想家及设计教育家。

德将"IBM"三个字母的形象特征设计成打字机打印的风格,如图 7.2 所示。"B"字母中间被设计成两个方孔,跟公司经营的打印机这一业务紧密相扣。整个标志醒目、简洁、贴切。这个崭新的外形传达出了 IBM 最基本的经营内容。1972 年,兰德又为 IBM 公司设计了具有八条横纹的变体标志,并选定标准色为蓝色。水平的等线让人心里产生电磁波振动的动感,既传达了公司高科技行业的性质,又寓意了公司严谨、科学、前卫并且充满激情的发展理念。这个标志简洁概括、新颖大方且具有强烈的视觉冲击感。兰德利用了一切可以利用的项目,将 IBM 新的标志形象广泛应用到与公司有关的一切物体上。IBM 公司新的形象获得了人们的青睐,最终成为公众信任的计算机界的"蓝色巨人"。1981 年,兰德还为 IBM 设计了一个有意思的字谜海报:"I"设计成眼睛,是对人的关爱;"B"设计成蜜蜂图形,代表的是辛勤劳动;"M"代表着信息与科技,是对技术的不断创新,如图 7.3 所示。这个海报体现了 IBM 锐意创新、辛勤劳动并且积极进取的精神。这种将品牌标志做变体的方式风格独特,又和谐自然,显现出了设计的创造价值,体现了科学与艺术的结合。近年来,动态标志逐渐受到大众欢迎,以其精简、夸张、生动有趣的影像给人的神经带来强烈的刺激,让沉闷的信息变得活泼起来。现在很多标志也使用了动态标志来增强其视觉表现力,如视频 7.1 所示。

视频 7.1 动态标志

图 7.2　IBM 标志的演变

图 7.3　IBM 标志的演变

  从 IBM 这个案例可见,好的标志设计在具有鲜明识别特征的同时,又能很好地表达企业的发展经营理念,加深用户对企业的印象,成就大众心中永恒的品牌形象。

7.1.2 包装设计

包装设计是指选用合适的包装材料，运用巧妙的工艺手段，为包装商品进行的容器结构造型和美化装饰设计。包装设计体现着品牌的性格。包装设计必须反映和品牌有关的特点，设计师要通过对产品的了解发现它的特点和特色，在此基础上进行创意和创新。成功的产品包装设计能够抓住用户的注意力，可以激发他们的购买欲。好的包装可以在销售中起到重要的作用，用户不仅可以看到品牌的特色，还能把握品牌的功能。

辣条是很多人的童年回忆。卫龙辣条过去采用廉价的塑料袋塑封包装，后来，卫龙公司重新设计了产品包装。原来的辣条现在改名为大面筋，采用流行的白色极简风格。卫龙公司后续又将各种小众口味的辣条产品包装设计成辣条实验室。一家食品企业仿佛被包装成了科技创新企业。从这个案例可以看出，通过改变包装设计，传统认知中的低端产品也可以变得专业而高档。

7.1.3 广告设计

广告设计是树立品牌形象的一个关键手段。品牌的成功往往归功于广告设计和包装设计的成功。广告要很好地结合品牌形象、品牌核心价值等内容，进行优质的创作与传播，让品牌知名度迅速提升，从而使品牌的形象深深地烙在目标消费者心中。

近年来，互动广告牌结合特色活动，成了很多企业进行品牌营销的手段。挪威的一个品牌为了推广其新品洗发水，在斯德哥尔摩地铁站做了互动广告牌，如视频7.2所示。国外的老旧地铁站通风性较强，地铁进站的时候往往带来一阵风。广告牌的设计利用了这种自然现象，让模特的秀发也随风飘扬，实现了"使用这款洗发水头发怎么吹都柔顺"的广告效应。荷兰皇家航空公司在阿姆斯特丹的街头设立了一个广告牌，广告牌具有远程视频的功能，如视频7.3所示。路人可以和纽约广告牌镜头前的路人进行互动，一起玩小游戏，成功过关的玩家可以获得国际旅行机票。奔驰在柏林地铁站也做了互动广告牌，如视频7.4所示。路人可以用任何奔驰汽车的钥匙对着广告牌上奔驰的新款房车开锁，每次会随机开出来不同的惊喜，最大的惊喜是可以获得奔驰新款房车提供的真实服务。借助情感营销的广告宣传可以吸引用户的关注，并使用户在与广告互动的过程中实现情感升华。

视频7.2 洗发水广告　　视频7.3 荷兰街头广告

视频7.4 地铁房车广告

7.1.4　形象设计

形象设计是实现品牌设计的重要手段，是品牌设计的重要组成部分。品牌形象代表着企业和品牌的性格，是人们认识品牌的核心要素之一。成功的品牌形象设计对品牌的发展和销售都有很大的促进作用。

国内民营快递行业竞争激烈，有四通一达的桐庐系，也有电商自营的物流体系，例如天猫、京东、凡客。顺丰速运（简称顺丰）凭借着良好的品牌形象，占有一席之地。顺丰的标志设计简洁清晰，加粗的黑色字体让人印象深刻。顺丰的品牌形象是通过客服人员和收货员在服务中表现出的礼貌、热情、诚信、自信所宣传出去的。顺丰所有的收货员都穿统一的工服，佩戴工牌，在 1 小时内收取快件，2 小时内派送完毕。尽管价格是同类公司中最贵的，但是 90% 的用户认为顺丰是速度最快、最有保障的。2016 年，互联网爆出顺丰快递员与轿车司机发生剐蹭的冲突事件。事发第二天，公司发布了正式声明，表明会维护、关怀一线工作人员的尊严。从这个事件可以看出，顺丰公司的反应像他们的快递服务一样迅速。公司高层关注工作人员的安危，维护了快递小哥的尊严，也维护了顺丰品牌的形象。近年来，由于网络媒体的发展，一些事件可以迅速成为舆论并发酵，这就要求公司拥有快速公关的能力，否则一件小事情就能颠覆一个品牌长期维护的形象。

当今世界已经进入品牌竞争的时代。品牌设计成了人们常常挂在嘴边的时髦词汇。品牌设计不再是简单地使用标志。人们需要更有技巧、更有诗意、更关怀内心感受的信息沟通方式，他们渴望被了解、被尊重。优秀的产品或服务，倘若无法摄人心魄，那品牌就会被视而不见，更无价值可言。品牌只有使用了准确的品牌定位，创新品牌设计，才更容易受到用户的喜爱和追捧。

讨论题

请分享一个你喜欢的品牌或公司，并从设计的角度结合案例分析原因。

7.2　商业模式创新

当人们谈到创新时，时常会联想到一件不存在的新产品或一项新服务。然而，当今企业之间的竞争，不仅仅是产品之间的竞争，更是商业模式之间的竞争。根据美国经济学家的访谈总结，一多半的企业高管表示业务模式的创新远比产品或服务的创新重要。

商业模式描述了企业创造价值、传递价值和获取价值的基本原理。通过商业模式的创新可以为公司、用户和社会创造新的价值。

7.2.1 共享经济模式

共享经济模式，是当今商业世界中炙手可热的概念。共享经济，指的是公众将闲置资源通过社会化的平台与他人分享，进而获得收入的一种经济现象。闲钱、闲物、闲工夫都可以被共享。

在出行领域，以滴滴出行和优步为代表的共享平台为用户提供了低价的快车服务及私家车的出租服务。在房产领域，爱彼迎改变了传统酒店行业的游戏规则，普通人也能以低于酒店的价格出租自己的房间。在资金领域，众筹（Crowdfunding）是典型的共享经济模式。众筹让更多人一起参与到产品的设计中，也让更多人一起分享最终产品带来的价值。目前的众筹模式主要包括产品众筹、股权众筹和公益众筹。在二手市场领域，以闲鱼、转转、有闲为代表的线上二手物品交易平台提高了物品的利用率。以在线代驾平台、家政预约平台和知识共享平台为代表的个人劳动力分享平台打破了行业的进入壁垒，让数百万人变成了兼职者，为社会创造了大量的工作机会。

7.2.2 O2O 商业模式

O2O，指的是从线上到线下（Online to Offline）。O2O 商业模式指的是将线下的商务机会与互联网结合，让互联网成为线下交易的平台。O2O 商业模式充分利用了互联网跨地域、无边界、海量信息、海量用户的优势，同时充分挖掘线下资源，进而促进线上用户与线下商品及服务的交易。

在团购领域，美团创造了以本地化生活服务为主的 O2O 平台，推出了移动 App 终端，庞大的活跃用户群为商家的市场需求提供了绝好的平台。在电商领域，京东则基于线上的大数据分析，与网络广泛布局、极速配送的线下实体店形成了优势互补。京东借助物流优势，扩大了市场地盘，是开拓 O2O 商业模式的又一渠道。

7.2.3 宜家"一体化品牌"模式

电子商务创新的威力令传统企业数百年建立起来的商业体系危机重重，而宜家却能够连续 80 多年长盛不衰，这基于宜家成功的商业模式。宜家这个案例，可以全面展示在不同时代和技术支持下，商业模式作为成功的核心因素，是如何做到与时俱进的。

宜家家居（IKEA，简称宜家）的主要目标消费群体是 25～35 岁的年轻人。他们时尚又自主，"此处无声胜有声"的软销更能够契合他们的沟通理念。每一个宜家门店都是一个消费者亲身体验的现场和展示的空间。家居购买一般属于较大资产购置，消费者一般需要看一看、摸一摸、感受一下才能放心购买。宜家希望通过消费者亲身体验的感受来影响消费者,这就是消费者的"感受环节"。

宜家的研发体制非常独特,能够把低成本和高效率结合在一起。宜家发明了"模块"式的家具设计方法,在降低设计成本的同时降低了产品成本。宜家的设计理念是"同样价格的产品谁的设计成本更低"。设计师们在设计中竞争的焦点往往集中在是否能够少用一个螺丝钉甚至更经济的方式。这样不仅能够有效地降低成本,也能够产生杰出的创意。通过"平板包装"的方式,宜家不仅提高了产品运输的效率,也降低了运输成本和产品装配成本。宜家所有商品的销售采用了消费者自选的方式。消费者看中样品后凭着编号直接在货架上取货,自行运送回家再装配,传递了"我们做一些,你来做一些,宜家为你省一些"的服务理念。

为了更大限度地降低制造成本,宜家在全球范围内进行制造外包。目前,中国已经成为宜家家居全球最大的生产基地。宜家集团通过全球统一采购,使其每一个宜家终端销售店,均包含了世界各地的优质、畅销的家居产品。丰富了产品的种类,也为塑造宜家的品牌形象发挥了作用。

宜家首创了"一体化品牌"的模式,实现了制造商品牌和零售商品牌的完美融合。宜家一直坚持拥有自己设计的品牌和专利。宜家所有的产品都标有"Design and Quality,IKEA of Sweden"的标志。每年,设计师夜以继日地工作,以保证宜家"全部的产品、全部的专利"。因此,宜家从不存在所谓的"上游制造商"的压力。电商是一场"去渠道化"的运动,而宜家不仅是一个单纯的渠道,更是一个具有核心竞争力的零售品牌。对宜家而言,它与天猫、京东等电商平台更多的是一种合作关系,而不是一种直接的竞争关系。强势的品牌依然可以在电子商务时代具有强大的号召力。

目录营销是宜家最重要的营销方式。它每年的产品目录全球发行量达 2.1 亿册。目录的发行为消费者选择产品提供了更为直观、便捷的方式,并能指导消费者布置个性化的家居生活环境。

宜家的品牌宣传也在与时俱进。"IKEA Place"是首批支持苹果手机 AR 技术的 App 之一,支持用户在移动设备上观看体验宜家家具放在家中的效果。宜家很早就在游戏平台"Steam"上发布了一款宜家 VR 体验游戏,支持用户在虚拟实景中设计和体验厨房空间。作为全球最大的家具零售商,宜家进军了线上市场。无论是在标志性的蓝色商场里,还是在数字化的手机界面里,宜家的商品将会通过一系列的手段与用户交互,实现线上线下的全覆盖。

宜家的成功之处在于其与众不同的 O2O 商业模式,其通过自主品牌的控制、独特的营销方式,以及贯穿于企业各环节的创新设计,打造了核心竞争力。

7.3 商业设计方法

在商业设计中，除了关注整体的商业模式创新，产品和服务的细节同样值得被研究、讨论和优化。这一节介绍商业设计流程中用到的几种主要方法。

企业需要持续寻找新产品机会。那么，分析政治环境、法律、文化、经济发展等与产品相关的背景信息就显得非常重要。设计团队可以通过报纸、年鉴、政府白皮书或者政府有关部门获得这些信息。在确定了产品机会缺口后，设计团队需要做市场调查。基本的市场调查方法有多种形式，包括抽样入户调查、入户留置调查、连续性调查、街头访问、小型座谈会、电话访问和邮寄调查等。无论采取何种方式进行实况调查，设计团队都必须遵循在有效达到调研目标情况下"最低成本、最少人力、最短时间"的原则。最终的市场调查报告要求直接、客观、准确，言之有物，并且言之有理。

7.3.1 SET 分析法

当企业试着寻找新产品机会的时候，可以使用 SET 分析法，即对社会（Society）、经济（Economy）、技术（Technology）三方面因素进行综合分析研究，从而识别出产品机会缺口，如图 7.4 所示。

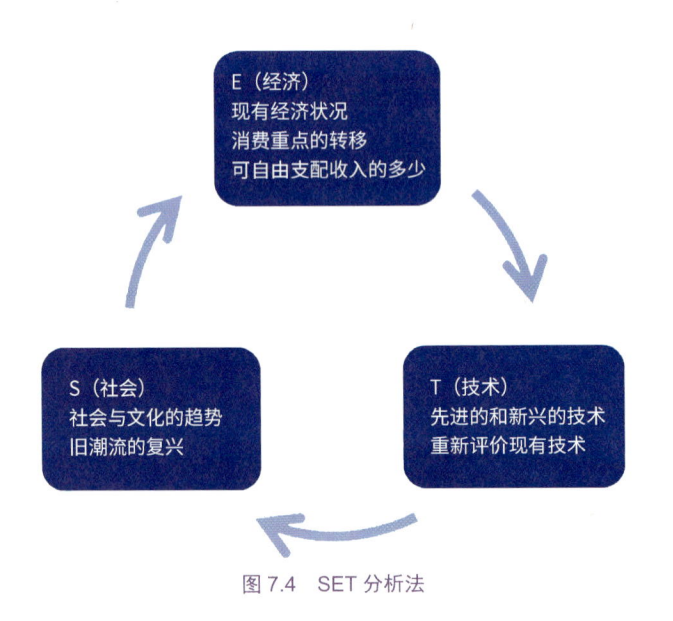

图 7.4 SET 分析法

举例来说，星巴克的出现就是成功填补了一个产品机会缺口。从社会趋势来看，美国人习惯于用咖啡提神缓解压力；从经济动力来看，用户可以承受咖啡的经济支出；从技术角度来看，星巴克使用高级的咖啡烘制设备，并设计了符合现代审美的店铺环境。SET 分析法可以用来预测和评估新产品机会缺口。与之类似的，还有 PEST 分析法，它增加了一个政治

（Political）因素。PEST 分析法一般从政治、经济、社会和技术四大类影响企业的外部环境的因素进行分析。

7.3.2 3C 分析法

3C 分析法是指针对企业所处的微观环境——消费者（Customer）、竞争者（Competitor）、企业（Corporation）三大方面进行全面的营销扫描，如图 7.5 所示。消费者分析主要分析消费者的人口统计特征（年龄、性别、职业、收入、教育程度等）、消费者的个性特征、消费者的生活方式、消费者的品牌偏好与品牌忠诚度、消费者的消费习惯和行为模式等内容。竞争者分析主要分析企业的主要竞争品牌、企业在竞争中的地位、竞争品牌的产品特征、竞争品牌的品牌定位与品牌形象、竞争品牌的传播策略等。

图 7.5　3C 分析法

7.3.3 波特五力模型

在竞品分析中，波特五力模型是常用的竞争策略分析法。迈克尔·波特（Michael E.Porter）[1]认为行业中存在着决定竞争规模和程度的五种力量，这五种力量综合起来影响着企业的竞争策略。这五种力量分别是同行业内现有竞争者的竞争能力、潜在竞争者进入的能力、替代品的替代能力、供应商的讨价还价能力、购买者的讨价还价能力，如图 7.6 所示。

---

[1] 迈克尔·波特：哈佛商学院教授，商业管理界公认的"竞争战略之父"。

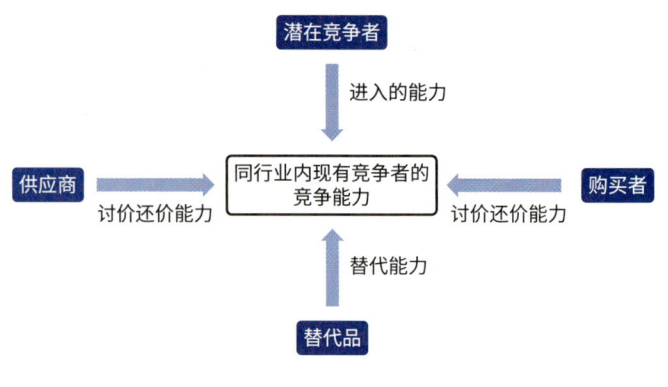

图7.6 波特五力模型

7.3.4 SWOT分析法

SWOT分析法是战略管理理论中常见的分析工具之一。它是一种综合考虑企业外部环境和内部条件的各种因素，进行系统评价，从而选择最佳经营战略的方法。其中，S是指企业内部所具有的优势（Strengths），W是指企业内部所具有的劣势（Weaknesses），O是指企业外部环境的机会（Opportunities），T是指企业外部环境的威胁（Threats），如图7.7所示。对于品牌定位的前期调研和分析，SWOT分析工具同样适用。

图7.7 SWOT分析法

7.3.5 产品定位图分析法

从市场调查和分析中获得的数据可以帮助设计团队对产品进行定位。定位并不要求设计团队在产品上做重大的改变，而是在产品的名称、品牌、价格、包装、服务上下功夫，为产品在市场上树立一个明确的、有别于竞争者产品的、符合消费者需要的形象，从而在潜在消费者心中获得有利的地位。定位图是一种直观、简洁的定位分析工具，目的是尝试将消费者或潜在消费者的感知用直观的、形象化的图像表达出来。定位图一般使用平面二维坐标图的形式，坐标轴代表了消费者评价品牌的特征因子。设计师可以在坐标图上对产品和服务做直观的评价。比如在啤酒产品的定位图中，横坐标表示啤酒口味的苦甜程度，纵坐标表示口味的浓淡程度，如图 7.8 所示。再比如，车型定位图反映了用户对市场不同车型舒适度和运动度的认知。

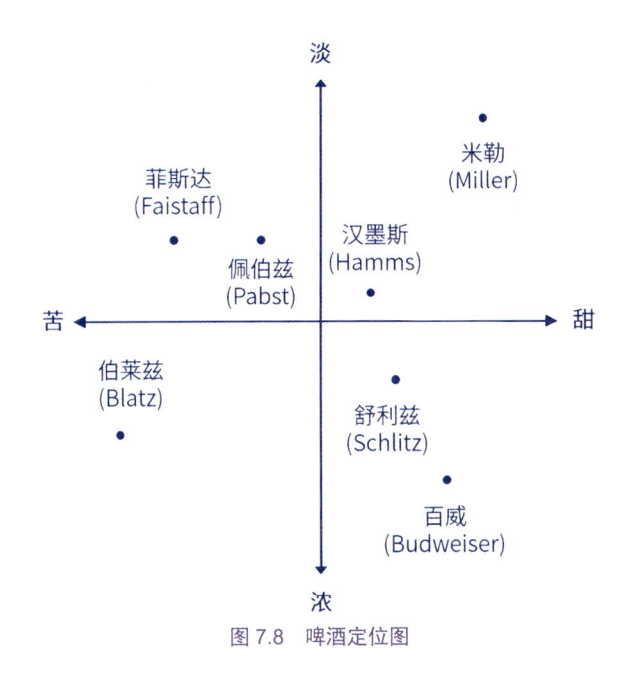

图 7.8 啤酒定位图

定位图也有多维的，可从更多维度来看各项特征。图中线条靠得越近，代表他们的相关性越强；线条长度越长，代表这个市场越有细分的可能性。比如电脑品牌定位图多维展示了消费者心目中笔记本电脑的品牌定位，如图 7.9 所示。消费者认为，苹果品牌代表了创新设计及用户导向的特性，而三星笔记本则代表了经济实用和标准配置。

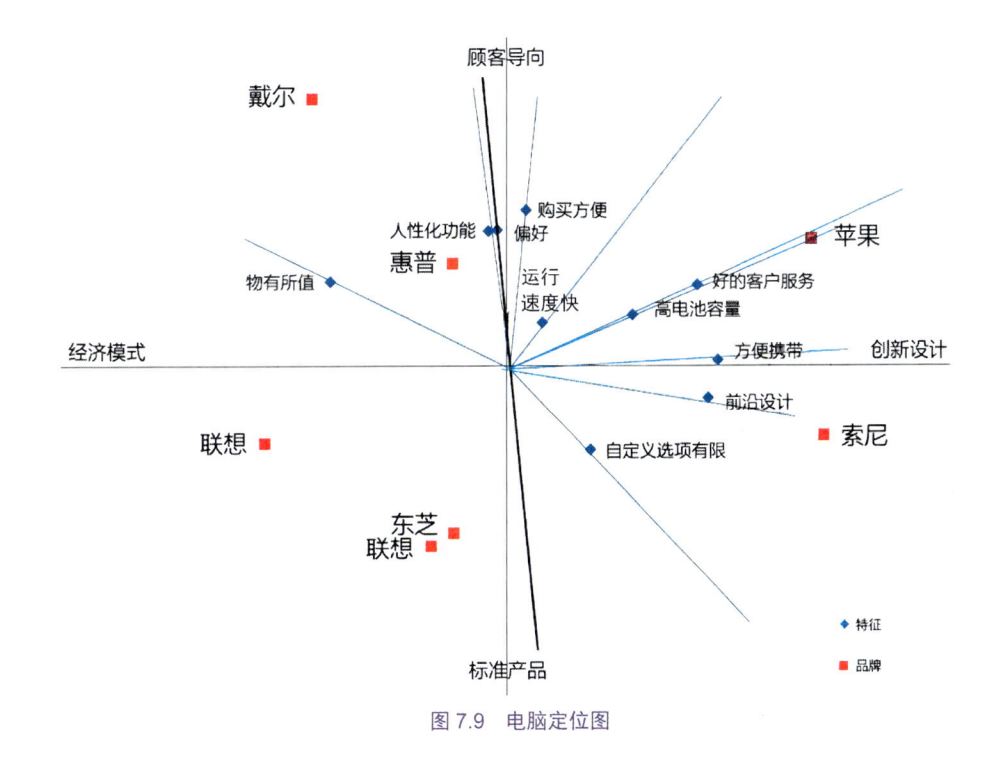

图 7.9 电脑定位图

定位图不一定非要经过详细的研究得出。它也可以是直觉图或者舆论图，是市场人员根据自己对行业的理解绘出来的。基于直觉的定位图的价值取决于绘图者的专业素养。

定位图可以帮助设计团队寻找市场机会。比如图 7.10 中 A ~ G 是根据消费者的需求划分出来的七个细分市场。区域中的点代表符合特定需求类型的品牌。这七个区域中点的密度并不相同，A、C、E、G 的密度较大，代表竞争激烈。D、F 这两个区的点相对疏松，表示竞争相对缓和，而 B 区还处于空白，表明这是一个诱人的潜在市场。

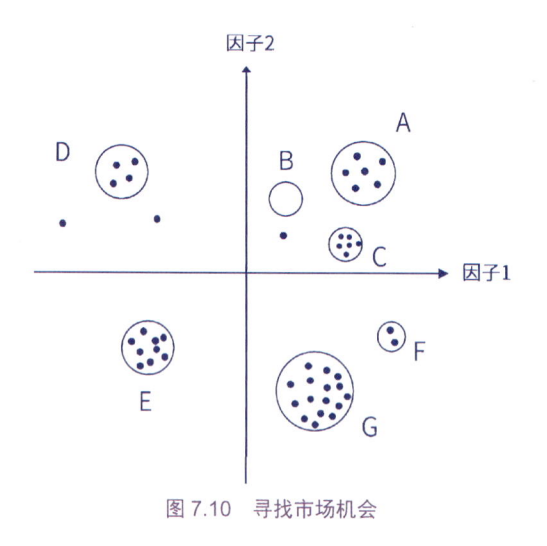

图 7.10 寻找市场机会

7.3.6 4P 营销法

在产品营销方面，美国营销学者杰罗姆·麦卡锡（Jerome McCarthy）[1] 教授在 20 世纪 60 年代提出了产品（Product）、价格（Price）、渠道（Place）、促销（Promotion）四大营销组合策略，也就是 4P 营销法。4P 营销法从四个维度对企业的产品营销提出了要求，如图 7.11 所示。

图 7.11 4P 营销法

（1）企业开发的产品功能要满足市场需求，产品要有独特的卖点，要把产品质量和满足

---

[1] 杰罗姆·麦卡锡：4P 营销法的创始人，20 世纪著名的营销学大师。

市场需求放在首位。

（2）企业要根据产品的市场定位、盈利预期和品牌溢价制定不同的价格策略。

（3）企业要注重经销商的培育和销售网络的建立，通过恰当的渠道策略来调动经销商和销售渠道的积极性。

（4）企业可以通过各种促销措施，比如打折、让利、幸运抽奖、累计积分等来刺激消费者的需求和购买欲望，从而促进消费的增长。

7.3.7 4C营销法

美国营销专家罗伯特·劳特朋（Robert F. Lauterborn）[①] 教授在1990年又提出了与4P营销法相对应的4C营销组合理论，也称4C营销法。它以消费者需求为导向，包含消费者（Customer）、成本（Cost）、方便（Convenience）和沟通（Communication）四个基本要素，如图7.12所示。它强调企业首先应该把追求消费者满意度放在第一位，其次是努力降低消费者的购买成本，然后要充分注意到消费者购买过程中的便利性，而不是从企业的角度来决定销售渠道策略，最后还应该以消费者为中心实施有效的营销沟通。

图 7.12　4C营销法

现代设计是商品化的设计。设计要面向市场，所以具有很强的经济特征。设计从最初的理念，到最后价值的实现，都离不开经济的因素。本节介绍的各种方法可以从商业设计的各个阶段为设计团队提供理论指导。产品商业化并不是一条容易的道路，还需要不断探索实践。

7.3.8 商业模式画布

商业模式画布是商业模式创新重要的设计方法。商业模式画布是一种用来描述、可视化、

[①] 罗伯特·劳特朋：营销理论专家，整合营销传播理论奠基人之一。

评估及改变商业模式的通用语言，主要通过 9 个基本构造块进行描述和定义，如视频 7.5 所示。商业模式画布展示了企业创造收入的逻辑，覆盖了商业的客户（用户）、提供物、基础设施和财务生存能力 4 个主要方面。商业模式画布就像一张战略蓝图，可以通过企业组织结构、流程和系统来实现，如图 7.13 所示。

视频 7.5 商业模式画布

重要合作	关键业务	价值主张	客户关系	客户细分
	核心资源		渠道通路	
成本结构				收入来源

图 7.13　商业模式画布

1. 客户细分

客户细分是商业模式的核心。为了更好地满足客户，企业把客户分成不同的细分群体。企业需要明确是在为谁创造价值，更重要的客户细分群体是谁。客户细分群体的主要类型有大众市场、利基市场、区隔化市场、多元化市场和多边市场。

聚焦于大众市场的客户在商业模式上没有太多区别，客户具有大致相同的需求和问题。目前严格意义上的大众市场产品并不多。即使是曾经宣称全球只有一种配方的可口可乐，现在也推出了零度可乐和健怡可乐，以满足对健康有更高要求的客户群体。手机和智能音响等消费电子产品可以算作大众市场产品，因为客户的不同需求主要是通过软件的个性化使用来实现的。

利基市场指的是具有相似兴趣或需求的一小群客户所占有的市场空间。大多数成功的创业型企业一开始并不在大市场开展业务，而是通过识别较大市场中新兴的或者还没有被发现的利基市场来发展业务。这里需要提到长尾效应，如图 7.14 所示，它指的是那些原本不受重视的销量小、种类多的产品或者服务。由于其总量巨大，累积起来的总效益反而能够超过主流产品。因为长尾效应，在线零售商往往发展得比实体店铺要好，比如 Kindle 电子书的销售商。他们不用考虑仓库的空间，可以尽可能多地展示产品，而那些小众产品的销售量累积起来并不会比主流产品的销售量少。

区隔化市场是指将客户按照不同的需求和特征区分成不同的群体。因为客户具体的需求不一样，所以商业模式也不同。

图 7.14　长尾效应

多元化市场是指一个企业同时经营两个或者两个以上行业的拓展战略，又可以称为"多行业经营"。多元化经营战略适用于大中型企业，这种战略能够充分利用企业的经营资源，提高闲置资产的利用率，通过扩大经营范围，降低经营成本，分散经营风险，增强综合竞争力。例如，宝洁公司的产品包含了洗发水、护发产品、护肤用品、化妆品、婴儿护理产品、妇女卫生用品、医药、织物、家居护理、个人清洁用品等多个细分领域，拥有多元化的市场。

多边市场指的是企业服务于两个或者更多的相互依存的客户细分群体。比如，信用卡公司需要大范围的信用卡持有者，同时也需要大范围可以受理信用卡的商家。亚马逊将书商和读者集合在一起，大众点评网将商家和用户集合在一起，这些都是典型的多边市场案例。

2. 价值主张

价值主张是企业为特定的客户细分群体创造价值的系列产品和服务，也是客户转向目标公司而不是其他公司的原因。价值主张，指的是企业解决的客户难题内容，满足的客户需求类型，提供的产品和服务结果。企业为客户创造的价值主要有以下内容。

（1）提供新颖的产品和服务，比如 5G 服务满足了客户从未体验过的感受。

（2）改善和提高服务性能，比如各种软硬件产品的升级。

（3）定制产品和服务，满足个别客户或客户细分群体个性化的需求。

（4）通过优秀的设计让产品脱颖而出，比如苹果公司的产品设计。

（5）通过品牌给客户带来身份地位的提升，比如奢侈品给客户带来的价值。

（6）通过更低的价格提供同等价值的产品或服务来满足价格敏感的客户细分群体。

（7）为客户降低风险的同时，为他们带来价值，比如各种保险产品。

（8）将产品和服务提供给以往接触不到的客户，比如私人飞机服务。

更方便快捷的处理方式、更易于使用的产品，这些对客户来说是有价值的，这就是具有可用性，用户体验好。

3. 渠道通路

渠道通路是公司和客户沟通、接触和传递价值主张的通道，可以是自有渠道，也可以是合作伙伴的渠道。

4. 客户关系

客户关系指的是公司与客户之间的关系。比如有些企业选择在销售阶段和售后阶段，为客户提供以客服为代表的服务和帮助。而有些企业则应用自助服务和自动化服务，让客户有更多的自主权。也有很多企业倾向于使用社区与客户进行互动，在线社区可以让客户交流知识和经验，互相解决问题。很多公司超越了与客户之间的传统关系，倾向于和客户共同创造价值。比如亚马逊书店曾邀请客户来撰写书评，从而为其他的图书爱好者提供价值。

5. 收入来源

收入来源模块描述了企业从客户群体中获得收入的形式。收费的方式可以是多样的，包含通过销售实体产品获得收入、通过使用特定的服务收费、通过订阅收费。比如，视频媒体服务、音乐服务都可以让客户通过每月的预订来收费。企业还可以通过租赁实体产品收费，通过授权知识产权授权收费，通过提供广告位收费等。

6. 核心资源

核心资源是商业模式有效运转所必需的最重要的因素，简单而言就是指企业拥有的资源。核心资源主要包括实体资产、知识资产、人力资源和金融资产等，可以是自有的，也可以是公司租借或从重要伙伴处获得的。

实体资产包含生产设备、不动产、汽车、机器、系统、销售网点和分销网络等。比如京东公司，它不同于一般的电子商务公司，京东物流是它非常重要的资产。

知识资产包含了品牌、专有知识、专利、版权、合作关系和客户数据库。这类资产很难开发，但是成功建立后可以带来巨大的价值。比如高通公司凭借移动通信 CDMA 的数千项专利，已经从生产企业转型成知识产权企业。

在知识密集型产业和创意型产业中，人力资源是至关重要的资产。比如华为的人才普遍具有敢闯敢拼的奋斗精神。这是华为重要的资产，尤其是在复杂的国际形势下。

金融资产，比如现金和信贷额度，也是企业的核心资源。民族企业老干妈正是因为有着强大的现金流，所以才有底气坚持三不原则：不贷款、不融资、不上市。

7. 关键业务

关键业务是为了确保商业模式可行，企业必须做的最重要的事情，主要包括生产制造产品和为客户提供新的解决方案。比如咨询公司、医院和其他服务机构的关键业务就是问题解决。关键业务也可能是平台和网络维护。

8. 重要合作

重要合作指的是让商业模式有效运作需要的供应商和合作伙伴。合作关系可以是非竞争者之间的战略联盟、竞争者之间的战略合作、开发新业务而构建的合资关系等。合作的目的是降低风险和获取特定的资源。为了达到这个目的，曾经的竞争对手也可能成为合作关系，比如滴滴、快的、优步的合并，58同城、赶集网的合并，搜狗、搜搜的合并。

9. 成本结构

成本结构指的是在特定的商业模式运作下所需要的成本。创建价值、提供价值、维系客户关系及产生收入都会引发成本。固定成本不受产品或服务产出业务量的影响，例如薪金、租金、实体制造设施。可变成本伴随着产品或者服务产出业务量而按比例变化。规模经济是企业享有产量扩充所带来的成本优势。例如，规模较大的公司可以以更低的价格从大众购买中受益。范围经济是企业因为享有较大经营范围而具有的成本优势。例如，对于大型企业，同样的营销活动或渠道可以支持多种产品。

这九个模块构成了四个方向，而这四个方向又是各自独立和相互联系的，每一项对于企业来说都是产生盈利的内部条件。商业模式画布最好的用法是投影在大屏幕上，人们可以用便利贴和马克笔共同绘制和讨论。分析商业模式时，设计团队需要具有随机应变的能力，面对不断变化的情况，能够及时地满足客户和企业的需求。

讨论题

你还知道其他的商业设计方法吗？请举例。

7.4 设计管理

设计与企业管理的结合是设计发展的必然趋势。随着企业设计工作的日益系统化和复杂化，设计活动本身也需要进行系统的管理。设计过程中，设计师的专业技能当然是重要的，但是在企业内部进行设计管理的技能同样重要。通过有效的管理可以保证企业设计资源的充分发挥。在大众创业、万众创新的倡导下，设计类毕业生逐渐感受到设计师创业的吸引力。在这种情况下，商业素质和管理素质成了设计师自主创业的必备条件。创业设计师，指的是依靠自身的设计能力，以设计为唯一业务独立创业的设计师。其创业规模可以是一个人或几个人的小型工作室，也可以是逐步发展的大型设计事务所、设计公司或者设计院。创业设计师除自身熟谙设计业务、有较好的设计能力之外，还必须具备一定的管理能力，这样才能在商业设计活动中生存。

设计管理，指的是根据用户的需求，有计划、有组织地进行研究与开发管理活动，有效积极地调动设计师的开放创造性思维，把市场与用户的认识转换在新产品中，以新的更合理、更科学的方式影响和改变人们的生活，并为企业获得最大限度的利润而进行的一系列设计策略与设计活动的管理。英国设计师法尔在1966年提出"设计管理是针对特定的设计问题，寻找最合适的设计师，并且尽可能使设计师能够在预算中按时解决设计问题"。他认为设计管理工作主要包括以下内容。

（1）以设计的观点调查新产品的需求。

（2）分配设计各发展阶段的时间和预算。

（3）寻找设计师并对设计师做出的设计进行讲解。

（4）与介入设计的不同团队保持良好的沟通。

（5）负责项目协调直到产品上市。

7.4.1 自主创新的管理模式

自主创新是指通过拥有自主知识产权的独特的核心技术及在此基础上实现新产品的价值的过程。自主创新管理是一种赋予员工自由度和创造力的管理模式。比如，谷歌独创了20%时间工作制度。谷歌支持员工拿出20%的时间来研究自己喜欢的项目。现在众所周知的很多谷歌产品，比如谷歌邮箱、谷歌新闻、谷歌地图上的交通信息，其实都来源于这20%的"不务正业"。这种制度的重点不在于时间的长短，而在于自由。谷歌发现，大多数员工不会把自由时间浪费掉。软件工程师不会去写戏剧，他们编的是代码。20%时间或许是谷歌一直保持高效创新的法宝。小米的企业文化是打造朋友圈子。公司员工之间、企业与用户之间、用户与用户之间都有一层可靠的友情维系。小米没有森严的等级。每一位员工都是平等的，每一位同事都是自己的伙伴。

7.4.2 以人为本的管理模式

以人为本的管理模式的核心是人，将人作为组织发展中最重要的资源。企业根据人的思想、行为规律，运用各种手段，充分调动和发挥人的主动性、积极性和创造性，从而实现企业的目标。

小米的口号是为发烧而生。公司建立了线上社区和线下小米之家，培养了一大批忠实用户。小米创始人雷军提出要忘掉关键绩效指标（KPI），产品的开发应该是由用户的反馈所驱动的。雷军宣称他的管理模式是向海底捞学习的。海底捞不仅为用户提供了贴心细致的服务，也致力于服务好他们自己的员工。餐饮业是劳动密集型行业，来就餐的顾客是人，管理的员工也是人，而海底捞认真贯彻了以人为本的设计管理思想。有趣的是，海底捞的服务员很多都是经人介绍过来的，比如老乡、朋友、亲戚甚至家人。当员工可以和亲戚朋友一起工作，自然就很开心。这种快乐的情绪对身边的人是很具有感染力的。海底捞对员工的考核也没有KPI。对每个店长的考核，只有两项指标：一是顾客的满意度，二是员工的工作积极性。只有员工对企业产生了认同感和归属感，才会真正快乐地工作，用心地做事，然后再通过他们去传递企业的价值理念。

7.4.3 众包机制

近年来，随着互联网的发展，设计管理的方式也在创新。2006年，一位名为杰夫（Jeff）的美国记者首次提出了"众包"的概念。他强调，当工作具有协同性时，众包会以大众生产的方式出现。众包指的是公司或者机构，把曾经由员工完成的任务，以公开号召的方式，外包给不确定的大众网络的行为。总的来说，众包是一种新的工作模式，一般包含3个主体：发包方、众包平台、接包方。借助互联网的协同性，接包方在众包平台上承接发包方发布的某项需求任务，然后按照约定完成任务并获取报酬。众包平台一般可以分为基于大型搜索引擎的网站和独立威客网站。"百度知道"是典型的基于搜索引擎的众包平台。国外的Freelancer和国内的猪八戒网则是典型的威客网站。比如，猪八戒网为设计师和雇主搭建了双边市场，设计师可以通过竞标任务获取设计项目。

正如所有的管理能力一样，设计管理需要在实际的项目中不断磨炼培养。在实际项目中，设计师可以学会如何从各个方面、各个触点进行管理工作，更有效地接触用户、了解用户。

7.5 创新管理案例

本节，作者分别邀请了两位受访者，结合他们的创新创业经验及创新管理课程的教授，深入浅出地探讨了创新管理在实际生活中是如何运用的。

7.5.1 梦想小镇创新创业专访

杭州是一座朝气蓬勃的创新活力之城，在国家倡导大众创业、万众创新的当下，杭州的未来科技城相继建设了海创园、梦想小镇、人工智能小镇等创新载体。梦想小镇也是 2019 年双创活动周的主会场。本节将介绍梦想小镇的一家科技创新企业——零零无限。零零无限开发了一款深受年轻人喜欢的自拍无人机——小黑侠跟拍无人机（Hover Camera），作者邀请并采访了小黑侠的发明者王孟秋博士，如视频 7.6 所示。

视频 7.6 梦想小镇创新创业专访

1. Hover Camera 的设计初衷

周磊晶老师：请您分享一下 Hover Camera 的设计初衷。

王孟秋博士：我们将一代无人机命名为 Hover Camera，又称小黑侠，二代无人机的英文名称是 Hover 2。Hover Camera 这个名字本身就说明了我们想做的东西，它是一台相机，而不仅仅是一台无人机。

我们研发的重点是记录大家的生活。自拍是大家现在使用习惯最多、使用频次最高的一种拍摄方式。我们会拿一部手机，用前摄像头拍摄自己。我们公司想做的，是换一种方式实现原本的自拍功能，并且是依靠自己实现不了的功能。手机自拍的摄像头和被拍摄主体的距离仅 1 米左右，用一个自拍杆可以把这个视角延伸到 1.5 米左右。以前传统意义上的航拍无人机，视角在 50 米以外，可拍摄远距离的大河、大江、城市、夜景，而人在镜头里仅有芝麻点大小。我们想填补以往空缺的视角，即从 1.5 米到 50 米空间里的所有镜头角度。

2. 二代无人机的创新点

周磊晶老师：请您分享一下 Hover 2 较 Hover Camera 的主要创新点。

王孟秋博士：最明显的区别是 Hover 2 外观尺寸更大，因为它的续航和抗风性比 Hover Camera 有很大提升，但同时我们牺牲了一定的便携性。Hover Camera 只有 242 克，Hover 2 将近 400 克。此外，Hover 2 的操作智能化和简易度提升了很多。它有一些新部件，例如两轴的云台，包含一个 360 度旋转的双目雷达，它的碳纤维保护外框是可以拆卸的。同时，它变形后是一台完整的航拍机，可实现五公里图传，23 分钟续航，而且抗风性等各方面性能都很好。一定意义上来说，用户买了一台无人机，却拥有了两台无人机的性能。

除了让用户手动操作，Hover 2 也有自动构图的模式。比如在用户手机 App 上选定一张照片，作为想要拍摄的视角，以往用户需要自己把 Hover Camera 飞到特定位置、对准角度，现在只需要选择照片，将无人机飞出去，它自己会飞到指定位置对好角度，然后用户按拍照键就可以完成。这是一种颠覆性的体验，但实现的过程很难，需要进行 3D 场景的重建、路径轨迹规划、避障等。Hover 2 能够让用户按一个键就实现很多功能，而以往需要用到摇臂和滑轨才能实现，这个过程降低了创作的门槛。很多科技的大趋势就是将原来专业化的技术平民化。例如，以往大家美化图片使用的是 Photoshop，但其学习门槛很高，现在使用美图秀秀美化图片，按一个键就能达到相似的效果。我们想要做的，就是将专业、小众的东西变得更大众化、普及化。

3. 设计在产品中的重要性

周磊晶老师：请您分享一下您在做产品创新时如何看待设计在整个产品中的比重。

王孟秋博士：我认为设计就是产品的核心，我自己对设计的理解较为广义。比如工业设计或者平面设计，可能更多的是指图形化的表达，或者通过建模把产品做出来。在我看来，其实所有的内容都是设计，包括 App 里的一个提示语，因为设计师是在模拟和用户的交流过程，产品只是其延伸而已。我们希望为用户提供一种体验，这个体验本身就是设计。

以 Hover Camera 为例，我们百分之三十的是女性用户，这个占比与其他无人机行业或者和其他机械相关行业对比而言是一个很高的数值。这是因为大家在其中感受不到危险性，不会固化地认为它是一个男性玩的大机器。它有一个碳纤维的保护外框，造型上更像一本书。我认为这就是设计的力量，这个造型会让用户认为产品和他们以往见过的很相似，会有一种延续感。

4. 产品设计中的早期用户反馈

周磊晶老师：您最新款的产品是在众筹网起步者（Kickstarter）上开售的，请您介绍一下为什么会选择在这个网站上首先发布您的产品。

王孟秋博士：起步者是一个非常活跃的社群，其中的用户都非常愿意尝试新的产品。他们不只是被动地等待产品与服务，他们有很强烈的欲望能够参与进去，为产品提供建议和前期反馈，同时，这些早期用户拥有比较良好的审美能力。

回到产品设计的层面，我认为任何一个好的设计都是围绕着用户出发的，闭门造车是不可取的。做 Hover Camera 的时候，我们缺少这样的用户反馈机会，但我们有一些种子用户，他们是单独跟我们进行互动和交互的。相对而言，早期用户更敢说实话，他们没有偏见，更加关注产品本质，这样的用户是非常有价值的。

5. 选择创新创业背后的故事

周磊晶老师：您的个人经历非常丰富，从事过科研工作，还是一名计算机专业的博士生，毕业后又在许多互联网大公司工作过，之后回到梦想小镇创业，您身上有很多的标签。请您介绍一下您的个人经历是如何影响您最后走上创新创业这条路的。

王孟秋博士：我认为创业本身离我们没有那么遥远。我在脸书（Facebook）、推特（Twitter）、阿里巴巴这些大公司工作过，这些工作经验给了我一个窗口，让我了解在快速成长中的公司，它们的管理、节奏、文化是什么样的。再谈到专业技能，我以前做开发工作，但我的目标不是追求一个体面的工作和安稳的生活，我认为这不够满足我人生的追求。我其实是个想法很多的人，很喜欢思考、观察、解决问题。我在做科研和创业时都是在做相似的事情，并聚焦在很细的一个领域。创业虽然包含了其他许多重要的工作，比如融资、运营等，但是两者最核心、最本质东西是一样的。我需要去解决一个问题，然后论证解决方案的合理性，最后通过自己的实践做出一个产品来论证可不可行。我想要设计一个产品，第一步需要把产品做出来，第二步需要了解用户会不会按照我的设计去使用。创业和科研的本质很相似，都是解决问题。

6. 创新创业者需要具备的素质

周磊晶老师：请您给想要走创新创业道路的学生分享一下您的建议。

王孟秋博士：我认为激情和热情是很重要的，但是光有激情和热情是不够的。创业很考验个人完整的思维体系。从感性的角度而言，创业者需要保持乐观的心态，需要主动争取机会；但是同时又不可以盲目乐观，盲目乐观会让人忽略掉很多问题，而这些问题又是客观存在的。所以心态特别重要，我觉得过于乐观和过于悲观的心态，都没有办法支持创业者走很远的路。我们从一代无人机到二代无人机，这中间整整两年基本是销声匿迹的，如果我们是一家需要时时刻刻都在聚光灯底下才能够活下去的公司的话，我们早就没有信心了。但因为我们专注于自己做的事情，不太在乎外界的看法。这是场长跑运动，终点和结果没有那么重要，如果只是在关注那个远期结果的话，是走不到那一步的。创业者需要抬头看天，低头看路，关注好自己现在做的每一件事情、每一步就好了。我们认为自己是比较幸运的，作为一个理工男，我可以自己设计无人机。我们非常有热情，我们喜欢自己的事业，不会觉得枯燥无聊，这是我能走下去的原因。

同时，做技术创新，我认为是需要一些基因的。技术创新不是简单地通过商业逻辑判断其是否合理，这样走不了太远。当碰到一些问题或挫折时，容易怀疑自己最初商业逻辑的判断是不是有问题。这个行业可能有更合理、更赚钱的项目，但我们需要保持自己的初衷。如果初衷本身就是为了赚钱，这是无可厚非的，是人性使然的，但是我更欣赏和喜欢创业者或者创业公司有一些执念。他们不是为了取悦用户，而是觉得无论挣钱与否，只要拥有机会，就做自己最想做的事，对自己诚实。不要把由于自己的懒惰或者懦弱造成的结果归咎于他人。如果没有已经创造好的良好环境，那就得把命运掌握在自己的手里。我们企业也有自己的价值观，有一条叫"Be a pilot"，就是说，如果有一架飞机，我们会坐进驾驶舱掌握自己的命运，而不是做客舱里的乘客。同时，由于我们公司是做无人机的，这条准则有点一语双关的意思。有一句话叫："我不想再花时间去消耗自己，我想去创造。"如果一个公司里面大多数人的时间是花在创造性的工作上，即使这个公司在商业层面上是失败的，它也是有价值的。

7.5.2 创新管理专访

近年来，设计和商业的界限正在不断模糊。英国皇家艺术学院联合知名企业和社会组织，推出了定制高管教育项目，来教授企业高管用设计思维和设计策略来解决企业的实际问题。斯坦福大学的 d.school 以设计思维的广度加深各专业学位教育的深度，致力于用设计思维来解决实际问题，其培养的设计人才和工程师被硅谷的科技公司争相聘用。为了探究在管理学院和商学院的培养中，设计思维是如何发挥作用的，作者邀请并采访了浙江大学科技创业中心主任郑刚教授。

1. 关于斯坦福跨学科创新学院 d.school

周磊晶老师：您曾在斯坦福大学做访问学者，请您介绍一下斯坦福大学著名的跨学科创新学院 d.school。

郑刚教授：2011—2013 年我曾作为访问学者在斯坦福大学访问了两年，期间也旁听了很多创新创业的课程，包括在 d.school 的一些活动和课程。d.school 由 IDEO 咨询公司创始人大卫·凯利（David Kelly）发起创办。他在长期创新设计实践过程中感受到了设计思维的重要性，它可以作为一种通用的方法论而被广泛应用。2004 年，他作为斯坦福大学机械工程系的教授发起创立了斯坦福跨学科创新学院，也就是 d.school。

d.school 最早开设的是 2004 年发起的面向贫困人口的设计课程，当时产生了不少拯救世界的设计作品。2007 年，斯坦福大学一位 MBA 的学生简·陈（Jane Chen），以及计算机、电子工程、航空工程学等专业的同学，他们希望解决东南亚等贫困地区早产儿死亡率较高的问题。后来，一款超低成本婴儿保育袋（Embrace）从此诞生，其价格是传统婴儿保温箱价格的 1/1000。这一发明已经在印度、尼泊尔、阿富汗等市场成功商业化，拯救了大量的早产儿。

设计思维不只是一种设计方法，而且是一种定义问题的方法。d.school 不提供学位教育，因此学院并没有常规意义上属于自己的学生。这里的课程面向斯坦福大学所有的学生开放，强调跨学院合作。d.school 的教学模式并不强调一般学位教育意义上的系统性，而是强调针对性和实用性，回归到了设计的实践属性。d.school 的众多设计项目被苹果等公司收购。斯坦福跨学科创新学院的创新与创造力课程，大多是在这种开放式的工作室上的，主要采用以学生为中心的体验式、互动式的教学模式，其中有很多的移动白板、讨论室，方便大家讨论、头脑风暴，也有很多工具间，拥有制作原型所需要的各种材料，包括纸板、电钻、锯条等，它是设计思维的一个重要组成部分。

2. 设计思维在商业领域的应用

周磊晶老师：请您介绍一下设计思维在商业领域的应用。

郑刚教授：我在教授一门创新管理的课程，这门课一共有 15 讲，其中第 13 讲是设计思考，也就是我们说的设计思维。我把它作为一个非常重要的创新方法论，是我们创新管理的一个重要模块。在这门课里，我布置了一个团队作业，要求学生以团队为单位合作开发一个新产品或者新服务。关于新产品、新服务创意创新的来源，我推荐了一些方式，比如查询科学技术的突破点，思考现实生活中的矛盾和痛点等。还有一个方法，是设计思考和设计创新。我把设计思维作为一个重要的创新来源，也作为我这门课的一个重要的方法论。在讲述创新管理课程的过程中，我们会发现，创新不是通过询问用户而得知的。乔布斯就曾经说过："不要问用户需要什么，是要观察他们想要什么。"很多项目之所以失败，就是因为他们想象中的用户痛点，并不是真实的用户痛点。他们想象中的解决方案，也并不是真正有效的解决方案。

什么是设计思维？IDEO 咨询公司的 CEO 蒂姆·布朗（Tim Brown）给出的定义是："设计思维是一种以人为本的创新思维，它结合了人们的需求、技术的可行性、商业的需要，它是设计师的工具。这三者融合，会产生极致的用户体验。"我们认为设计思维就是一个以人为本、洞察人性，用以产生极致的新产品、新服务体验的创新创意方法论。斯坦福大学的 d.school 有一个关于设计思维的步骤，一般来说可以分成五步：感同身受、定义真正的问题和挑战、形成设想、塑造原型和实验测试。这五个步骤不是一次性完成的，往往要经过多次的迭代，尤其是第一步"感同身受"，是指要努力通过别人的眼睛去看待这个世界，通过他们的经验去理解这个世界，通过他们的情感去感受这个世界。要设身处地地感同身受，也就是说我们要有同理心。

举个例子，如何让儿童在做核磁共振检查的时候减少恐惧感，甚至自愿配合。一家国外著名医疗器械公司销售核磁共振设备的主管，他发现儿童在做这类医疗检查时会哭闹抗拒，感到恐惧，并且持续时长达到半小时以上，因此设备的利用效率非常低。他经过深入了解，发现超过80%的儿童都必须先服用镇静剂，才能够在仪器上接受检查。设计思维教会我们与用户感同身受，换位思考。我们可以换位思考一下，儿童喜欢的地方有哪些？可能是游乐场，或者儿童乐园。因此，儿童医院做了一个改进，将核磁共振设备装饰成海底世界和太空冒险等游乐场景，如图7.15所示。儿童会因此感到新奇有趣，恐惧的情绪有所缓解，就变得容易配合，这样设备的利用效率也大大提高了。这就是设计思维的一个具体应用，通过对医院场景的设计，大大降低了儿童医疗检查时的恐惧感，提高了医疗器械的利用效率。

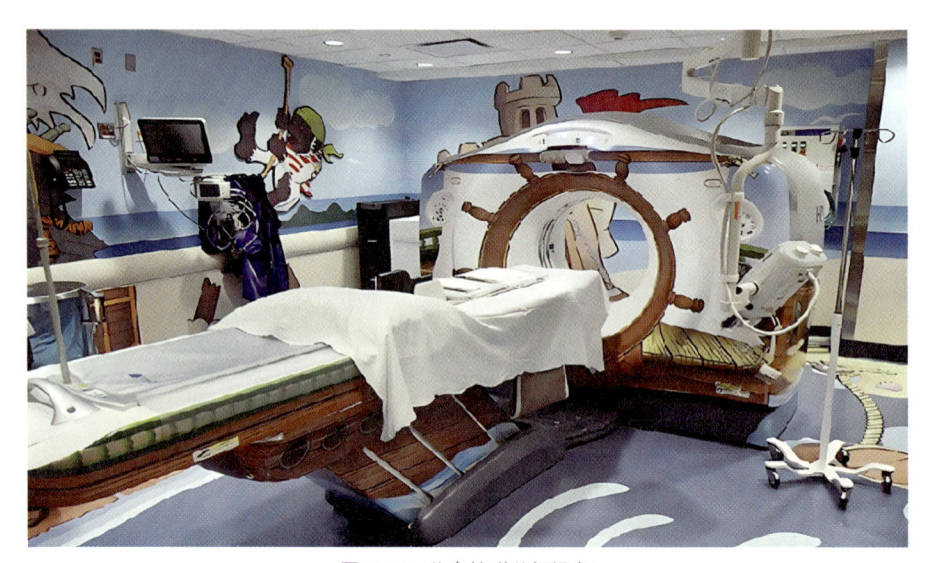

图 7.15　儿童核磁共振设备

3. 设计师创业的优秀案例

周磊晶老师：请您分享一下设计师创业的优秀案例。

郑刚教授：设计师创业的案例有很多，我分享一些自己熟知的例子。第一位是贾伟，他是洛可可创新设计集团的董事长，也是洛客设计平台的创始人。洛可可创新设计集团现在是中国规模最大的创新设计集团，设计师超过一千名。贾伟曾经获得过中国设计业的十大杰出青年，也曾囊获国际、国内各类设计大奖。近几年他设计了一款非常畅销的快速变温杯——55度杯，体现了他的设计思维和产品思维，在市场上非常受欢迎。第二位是刘德，是小米集团的联合创始人及高级副总裁。刘德是美国艺术中心设计学院的工业设计硕士，曾担任北京科技大学工业设计系的系主任，后来加入小米集团，现在是小米生态链的负责人，他也是工业设计师创业的一个优秀代表。近几年，我们可以看到小米生态链包含了上百个企业，其中很多产品就是在他的主导下进行投资孵化的。第三位是洪华，是小米生态链中谷仓学院的创始人，也是浙江大学工业设计系的校友，清华大学的博士，曾担任2010年广州亚运会火炬设计组的组长，也曾经获得中国设计业的十大杰出青年。第四位是章骏，是贝医生电动牙刷的创始人，也是浙江大学工业设计系的校友，曾经参与设计过北京奥运会的祥云火炬，在联想集团担任了多年的主任设计师，后来出来创业，创办了贝医生电动牙刷。这些就是我自己身边的一些工业设计师去创业的案例。

小结

挖掘用户的需求或潜在需求，发现市场发展趋势，针对用户痛点设计产品，就可能拥有大量忠实用户。用户会选择好的，淘汰落后的，不仅仅是产品、品牌，也可能是企业。创意工业正在进行一步步的探索。

第 8 章
设计促进社会创新

引言

每年都有成千上万的人因为贫困、战争和灾难等原因被迫从乡村迁往城市，从自己出生的国家迁往别的国家，以求能够过上更好、更安全的生活。科技和互联网的发展使全世界都加入了相容的网络平台，将传统的社会变革成一个追求效率和资讯爆炸的社会。人类每天都在不断地接收新知，适应新产品，在职场上的压力也被逼到最高点，现代人挣扎着在资讯社会中取得生理和心理的平衡。人类的威胁与压力随着各种新兴科技产品的产生而不断增大，新旧淘汰的过程太过迅速。以上每一个问题的出现都在各个层面上挑战整个社会，包括社会政治体制和政府职能部门。每一个问题都是庞大的全球性的社会问题，要求非政府组织和社会群体一起协作发挥作用。

面对全球化的文化认同与可持续发展危机，设计面临着对象、内容、理论、方法和技术手段的重构。社会创新设计应运而生。近二十年来，社会创新作为一股潮流涌现，从西方社会蔓延到全球。一些发达国家如美国、英国、丹麦、意大利、澳大利亚、新西兰、西班牙、韩国等纷纷从政府层面采取了措施，这些行动正在推动社会创新从边缘到主流的转化。

8.1 社会创新设计

关于社会创新的定义有许多。杰夫·马尔根（Geoff Mulgan）在社会创新 *Social Innova-*

tion：What It Is，Why It Matters，How It Can Be Accelerated 一文中概括社会创新是"满足社会目标的新思路"。辛向阳教授定义社会创新是一个变革的过程，该过程是对现有资源的创意重组，其目的是以新的方式达到社会公认的目标。米兰理工大学设计学院埃齐奥·曼奇尼（Ezio Manzini）教授是社会创新设计领域的先驱。他对社会创新的定义是关于产品、服务和模式的新想法，能够满足社会需求，能创造出新的社会关系或合作模式。这些创新有利于社会发展，又增进了社会发生变革的行动力。季铁教授总结了社会创新设计相较于传统设计的4个重要转变，可以帮助我们更好地理解社会创新设计。

（1）设计对象的变化——从"以用户为中心"到"以社区为中心"。

（2）设计内容的变化——从产业需求到社会需求。

（3）设计参与方式的变化——从专家设计到参与式设计、共同创造。

（4）设计价值的变化——从差异到关联。

8.1.1 因地制宜

社会创新设计会因为一个国家的自然地理、种族、文化语言及社会制度等原因有着截然不同的方向。在一些发展中国家，资源不能充分被调动，更需要社会创新设计。1972年，班克·罗伊（Bunker Roy）创办了赤脚大学（Barefoot College）。这个公益项目主要针对来自世界各地农村的文盲或半文盲，大部分都是中年母亲或祖母。项目为这些人提供免费的教育，使她们都能成为水务工程师、太阳能工程师、设计师、助产士、建筑师或农村社会企业家，提升她们的知识和技能。

以赤脚大学首创的"赤脚"太阳能发电法为例，一般接受6个月的太阳能发电技术培训，学生就可以回去从事太阳能面板、电池的安装、维护和修理的工作了，还可以继续为其他人提供技术培训。

社会创新设计有时是自发形成的，不是自然而然产生的，可由一件小事引起一系列变化。社会创新设计往往关注了社会上真正亟待解决但还没成为热点的问题，因而它会自发地召唤更多人和团体加入，形成一个更大的项目。在2011年的阿富汗，由于战争的原因，土地里埋藏着1000万到3000万颗地雷。那时阿富汗人口也不过2600万，地雷可能比人还多。毕业于荷兰埃因霍温设计学院的哈桑尼（Massoud Hassani）从童年的经历中获得灵感，为战乱的家乡设计了一套风能驱动的扫雷装置，如视频8.1所示。这套扫雷装置由竹子和可生物降解的塑料制成，每一根竹子的末端都接着飞盘状的"脚"，球体的形状使该装置可以随风飘扬。这款产品成本低，并且人人都可以快速组装它，如图8.1所示。

视频8.1 扫雷装置

图 8.1 扫雷装置

这个设计在全球获得了广泛的报道,并引发了人们关注扫雷这个特殊的需求。初代的扫雷装置仅仅依靠风能驱动。由于阵风的不确定性,扫雷装置不能按照预定的轨迹扫雷,只能通过内置 GPS 描绘已扫和未扫的区域。之后,越来越多的同道人士加入扫雷事业并贡献力量。在经历了七年的产品研发后,逐渐壮大的扫雷团队推出了更先进的无人机扫雷装置,如视频 8.2 所示。它可以精准描绘地图,并投放探测性物体以达到排雷的效果。

视频 8.2 无人机扫雷装置

8.1.2 社会资源再利用

社会创新在多数时候是一个庞大的项目。据统计,整个伦敦有超过 2 万个商业空间处于闲置状态,这些空间本可以提供 20 万名工人的就业机会。"同时空间(Meanwhile space)"项目尝试将城市的闲置存量资产转化为高价值的复合空间。项目将废旧的厂房改造为联合办公空间和活动场地,挖掘城市空间的潜力,为社会群体输送价值。图 8.2 所示的蓝色房子(blue house)原本是一座已经闲置的理事会办公楼和一个废弃的停车场,在经过改造后,成功转型成为私人租赁空间和公共活动空间。"同时空间"项目使工程师、设计师、艺术家、研究人员可以在这里开展跨学科的互动和交流。这些闲置的空间可以是艺术家工作室、音乐会场地、社区博物馆、流浪者庇护所等。这类场所提供了一定的自由度,使项目避免受制于专属机构授权、政策的束缚,是创新想法的孵化器和发射台。

这些被用于社会实验的场所正在不断增加,国内也有类似的项目。杭州就有很多家类似的众创空间,它们整合创业资源,提供创业渠道。知名的有海归驿站、创客海投、智汇社等。

在这种浓烈的创业氛围下，每周都有创业大咖在空间里分享创业心得，面对面提供建议。每个众创空间都各有特色，侧重点和方向也不一样。这些项目不但增加了空间的弹性，也使空间更有活力和乐趣。

图 8.2　同时空间

8.1.3　人人都能参与

社会创新是为公共利益服务的，通过人与人、人与物之间的互动，激发积极的、系统性的影响。支付宝推出的"蚂蚁森林"有效地唤起了人们的环保意识，引发了人人参与环保事业的积极行为。用户通过支付宝线上生活缴费、地铁公交出行等绿色移动支付行为产生绿色能量，种植"蚂蚁森林"中的虚拟树木。虚拟树木长成后，蚂蚁金服联系公益合作伙伴，为用户在荒漠化地区种植一棵真树。截至 2020 年，累计 5.5 亿支付宝用户参与了"蚂蚁森林"项目，种下了超过 2.23 亿棵树，总面积超过 306 万亩。

"蚂蚁森林"火了之后，支付宝又推出了"蚂蚁庄园"爱心游戏。用户通过支付宝线上线下支付获取喂养虚拟小鸡的饲料。虚拟小鸡下的鸡蛋可以向特定的公益项目捐赠，比如帮助贫困地区的小学修建减灾教室或者帮助病患孤儿重获新生等。"蚂蚁庄园"以一种更温暖、有趣和贴近用户生活的方式鼓励用户做慈善，体现了企业的社会责任感。

社会创新设计可以从一些很小的点着手。设计师通过挖掘或者创造事物之间独有的联系，或许会产生意想不到的效果。银联在上海地铁站摆放了 15 个 POS 机。路人只需在 POS 机上闪付 1 元，就可以得到印有一首诗歌的小票，如视频 8.3 所示。这些诗歌的作者是 18 位来自贫困山

视频 8.3　诗歌打印机

区的孩子。相比地铁广告位上千篇一律的广告，路人对银联的这种结合 POS 小票和诗歌的宣传形式印象深刻。当路人读到山区孩子们的诗歌时，会油然产生对山区孩子们的同情，以及对贫穷带来的诸多问题的思考。路人、银联和山区的孩子，三方都能从这次活动中得到正向积极的反馈。

8.1.4 赋能品牌价值

社会创新设计是用公益的方式满足社会的需要，最后可以回归品牌的商业价值。可口可乐公司曾经面向中东地区和东南亚地区的人民设计过特别品牌推广活动。

迪拜有很多来自东南亚的廉价劳动力，当时，他们平均每天只有 6 美元的收入，而迪拜的国际电话每分钟需要 0.91 美元。为了节省每一分钱，这些外来务工人员不舍得打电话回家。听到孩子的呼唤和家人的关心是这些异乡人奋斗的动力。面对这类人群的需求和问题，可口可乐公司在迪拜的部门开发了一款可以用可乐瓶盖充当通话费的电话亭装置。工人们只需要把可乐瓶盖投入电话装置的槽口，就可以免费获得 3 分钟的国际通话时间，如视频 8.4 所示。在 130 多年的历史中，可口可乐公司一共使用过 49 个品牌口号。其中使用最久、最具知名度的一句口号是"开怀畅饮！"开怀畅饮是一种快乐，喝完之后如何能延续这份快乐呢？可口可乐公司以瓶盖作为切入点，发起了"给予可乐瓶第二次生命"的活动，为越南人民设计了 16 种兼具功能性和趣味性的瓶盖，如视频 8.5 所示。重新设计的瓶盖可以和瓶身结合变成喷雾装置、滴液装置，甚至是锻炼用的哑铃。这次活动的目的是鼓励消费者重新使用废弃的可乐瓶，倡导环保生活的理念。

视频 8.4 可口可乐电话亭　　视频 8.5 可口可乐瓶盖设计

社会创新设计并非遥不可及。它可以小到一个游戏，大到一个城市改造系统。社会创新设计没有固定的形态，能满足社会需求的设计就可以称为社会创新设计。在推广和支持社会创新时，所有的设计技巧和设计能力都可以根据实际情况进行变化。社会创新设计是对已有的各种设计知识的综合运用，与设计活动相互交织。21 世纪社会创新对于设计的促进作用，丝毫不亚于 20 世纪技术创新对设计的促进。社会创新设计有四种典型理念：因地制宜，社会资源再利用，人人都能参与，赋能品牌价值。它们共同诉说着同一个价值观，那就是发展一个人人都能享受美好生活的社会。

讨论题

请分享一个优秀的社会设计案例，并分析该设计解决了什么社会问题及对社会的影响。

8.2 DESIS 网络

在社会创新设计领域，有一个著名的国际非营利组织，即国际社会创新与可持续设计网络（Design for Social Innovation and Sustainability Network，又称 DESIS 网络）。该组织起源于三个主要的国际活动——欧洲研究、联合国环境署、"改变变革"国际会议。这些活动以不同的方式在全球几所设计学校中介绍了创意社区和社会创新的概念，为设计学校、相关组织和实验室之间的流畅沟通建立了国际网络。在 2009—2011 年间，DESIS 网络在设计学院和其他以设计为导向的大学中建立了一个设计实验室网络。该网络与地方、区域及全球合作伙伴一起运作，以促进和支持社会实现可持续发展。自 2014 年 9 月以来，DESIS 网络成为一个非营利性文化协会，旨在通过设计学科促进高等教育机构的社会创新设计，从而产生有用的设计知识，并与其他利益相关者合作创造有意义的社会变革。利益相关者包括最终用户、设计师、技术人员、企业家、地方机构和民间社会组织。DESIS 网络提出了一个开放概念"协作服务"，即设计师的角色是支持新概念的发展至完全实现，从而促进社会、企业的发展。

8.2.1 愿景

DESIS 网络认为社会创新是对社会资本、历史遗产、传统工艺、可行的先进技术进行创造性重组，并以新的方式实现社会认可的目标的变革过程。这是一种由社会需求而非市场或自主技术科学研究驱动的创新，并且更多地由相关参与者而非专家产生。然而，今天的社会创新产生的效果和影响力都局限在当地。如果创造了有利的条件，这些小型的地方社会创新及其工作原型可以传播开来。那么它们可以被扩大、整合、复制和与更大的计划相结合，以产生大规模的可持续变化。为了达到上面所说的要求，就需要新的设计能力。

社会创新需要愿景、战略和协同设计工具一起作用，需要把想法转变为成熟的解决方案和可行的计划。世界各地的机构、企业、非营利组织已经走出了主流的思维模式并开始这样做了，比如社区农业、共同住房、拼车、社区花园、社区护理、人才交流和时间银行等。这些举措为社会凝聚力、城市更新、健康食品、水和可持续能源管理等复杂问题提出了可行的解决方案，同时它们代表了行之有效的可持续生活方式。

在当代复杂的社会中，社会创新作为可持续发展驱动力的潜力正在增加。为了促进社会创新，设计界尤其是设计学校可以发挥关键作用。设计学校可以将其教学和研究活动导向社会创新，可以成为产生新愿景、定义和测试新工具及启动和支持新项目的设计实验室。

8.2.2 目标

DESIS 网络旨在利用设计思维和设计知识触发、启用和扩大社会创新，并且与本地、区域及全球合作伙伴共同创建与社会相关场景的解决方案。为此，DESIS 网络主要有三大目标。

1. 扩大社会创新影响力

（1）创造更有利的社会、文化、政治、经济环境，增强社会创新的潜力。

（2）寻找有前景的社会创新，并将社会创新的意义传达给更多的用户，提高其知名度。

（3）开发有利的解决方案，使现有解决方案更加有效、可访问和可复制。

（4）通过公共平台将不同的本地社会创新案例连接到更大的区域项目。

（5）提出社会创新的愿景和解决方案，与当地社区和其他利益相关者开放发展、协作互动、激发新举措。

2. 阐明社会创新潜力

（1）在设计界内部，社会创新将继续成为所有设计学科的基本应用领域。

（2）为社会创新者提供切实的证据，证明设计思维和设计知识在支持他们所参与的过程方面的潜力。

3. 推广开放设计计划

DESIS 网络希望通过不同合作伙伴的贡献产生知识，并且所有利益相关者都可以使用其成果。其更高目标是促成一个开放的设计计划，该计划使不同的项目具有可见性、可协调性，并在这些基础上制定适合当代社会巨大挑战的愿景和建议。

8.2.3 运作

DESIS 网络由实验室和项目组成。DESIS 网络的实验室是行政和经济上的自治实体，每个实验室自己制定预算，由实验室所在的教育机构管理。每个实验室推选出一名实验室协调员，在年度大会中代表该实验室。DESIS 网络年度大会决定了 DESIS 网络的整体政治、文化和组织方向。

每个 DESIS 网络实验室需要完成下面三项任务：

（1）促进和发展至少一项 DESIS 网络计划；

（2）参加 DESIS 网络年度大会；

（3）在年度大会上提交一份关于实验室的活动和计划的简短报告。

概括来说，DESIS 网络就是一个以各国的设计院校为节点而存在的一个组织网络。每个设计院校都可以设立自己的 DESIS 网络实验室，进行一些实验和项目，而所有资金由成员自行承担。

8.3 设计扶贫

改革开放以来，中国在坚持不懈的反贫困过程中逐步走出了一条具有中国特色的社会主义扶贫脱贫道路，创造了为全球减贫贡献率超过 70% 的瞩目成绩。

2018 年 4 月，联合国工业发展组织与 30 多个国家和地区的设计组织、机构、企业及院校在杭州良渚共同发布了《设计扶贫宣言》，正式提出充分运用和发挥独创、道德、情感、美学的设计力量，有效提升产业活力和生命价值。通过设计创新建设美丽乡村，改善人居环境；通过设计创新引导和培育区域特色产业，支持产业转型升级，开展面向贫困地区、弱势群体的精准设计扶贫；通过设计创新促进人与自然和谐共生，营造可持续发展的自然环境，如视频 8.6 所示。这是设计界第一次提出"设计扶贫"这个概念。

视频 8.6 设计扶贫宣言

8.3.1 设计扶贫十大模式

2018 年 8 月，我国工业和信息化部出台《设计扶贫三年行动计划（2018—2020 年）》。行动计划旨在推进设计扶贫概念的落实，承诺面向贫困地区提供不少于 1000 件产品设计方案，实施不少于 50 个乡村风貌或公共设施改观设计方案，建成并免费开放千万数量级原创设计素材数据库，探索一条有中国特色的设计扶贫路径。该行动计划涌现出了很多优秀的扶贫案例，主要可以总结为十大模式。

（1）区域品牌创建。湖北大冶市茗山乡的"楚天香谷"是一个经营困难的传统玫瑰种植园。经过系统的顶层设计，"楚天香谷"打造出了中国最大的芳香植物种植基地、国内唯一的香文化体验馆、国内唯一的芳香主题概念酒店。大冶市政府对芳香产业中的生态景观、教育科普、康养休闲、健康产品、创意文化等领域进行产业化。"楚天香谷"成功创建了中国第一个芳香产业旅游目的地，使得"芳香业"成为大冶市的城市新名片。

（2）科技成果植入。核心科技能力的缺失是中国农业低质量发展的重要因素。一款产自云南的依托世界首创的生物科学技术研发的低脂咖啡豆——纳帕咖啡豆获得美国世界精品咖啡协会评定的亚洲地区最高分。它以每公斤超过1000元的国际市场价格，树立了世界顶尖咖啡豆的品牌形象。高端的品牌形象不仅大大提高了原豆的收购价，还打破了国际品牌形成的品种垄断与价格垄断。

（3）人才培训赋能。授人以鱼不如授人以渔。设计扶贫的重要使命和工作是帮助传统产业和传统手工艺作品更好地适应现代审美与市场，培育更具有创新能力和创新精神的新生代设计师。

（4）非遗再造活化。古老的侗寨分布在贵州、湖南、广西交界的山区，传统文化和手工艺都得到了完整的保存。从侗族大歌、鼓楼建筑、芦笙舞、古法造纸，到草木染、蜡染、竹蕨编，再到刺绣和银雕，侗族是一座巨大的非遗宝库。深圳职业技术学院创研中心与侗族非遗传承人深度合作，将侗寨传统文化及手工艺的精髓融入现代日用生活产品的设计之中，同时配合当地的手工艺技能水平回归本地量产。项目的多项作品参加了米兰设计周、伦敦设计周等重要设计展览。非遗再造活化不仅仅帮助了手艺人或者挽救了老工艺，更使未来的人能有机会见证中国文化的发展历程。

（5）自然研学教育。杭州植物私塾挖掘自然体验、优秀文化、民俗风情、工匠创造、耕种纺织等教育资源，为孩子们创造了更多的课堂之外的成长场景，使他们在大自然和文化感知中锻炼自己的意志，理解人生与宇宙，提高感受力与专注力。欠发达地区拥有众多生态人文资源丰富的乡村田园、民族聚居地、自然保护区。设计师可以为这些地区打造独特的自然研学教育扶贫模式。

（6）美丽乡村风貌。乡村的旱厕几乎不耗水，卫生状况堪忧。清华美院的设计团队希望改善当地卫生环境，提高贫困地区人民的卫生水平。设计团队为西藏地区设计了水循环的集成式生态厕所，提升了水资源利用率。他们还利用石头树枝等当地物料对陕北古枣园进行了旱厕改造。利用传统粪尿制肥技术改造厕所可以有效滋养土地，使贫困地区增产增收。

（7）田园社区建设。在陕西富平县曹村博物馆，西安美院的设计师们利用丰富的实物、标本、图片、模型展示了关于柿子的历史、生产、加工及文化等知识。设计团队还协助曹村将柿子项目逐步发展为集科研种植、基地建设、产品销售、文化传播为一体的柿子产业生态圈。小小的柿子使曹村成为远近闻名的现代生态休闲农业观光小镇和新农村建设的典型。"柿子红了"也成了如褚橙一样的网红品牌。通过田园社区的整体设计，富平县农村的贫困户正在减少，目前已经有2100多户贫困户依托柿子产业实现了脱贫。曹村因此荣获了"全国就业扶贫基地"称号。

（8）特色产业培育。四川雅安市汉源县永安村的很多农户在2008年汶川地震和2013年雅安地震中都遭了灾。成都的一家川菜馆老板在灾后慰问的活动中了解到农户的苦处，此后便开始定向采购永安村的花椒。配合永安村花椒做出来的川菜口味地道，在宽窄巷子出了名。有了地道的原材料和成功的产品配方，老板创立了宽窄美食公司，并开发了一系列充满设计感的产品，如火锅调料、花椒油、冷吃礼盒等。为了让农民安心种花椒，宽窄美食公司与农户签订包销协议。互相信赖的良性合作推动了可持续的良性发展，宽窄美食公司的产品远销全球二十多个国家和地区，把永安村的花椒带向了全世界。

（9）特殊人群关爱。2014年，东西元素基金会发起了心灯行动和心桌行动，专门为偏远缺电地区的孩子捐赠太阳能LED护眼学习灯和学习桌。2015年至今，这些计划为四川、新疆、云南、青海等地区送达心灯共计20424盏，解决了当地孩子学习时无稳定光源的问题。

（10）低端产业提升。深圳麦锡设计通过对材料及工艺的创新，把农村闲置的大量秸秆变废为宝，制作成新型秸秆燃料、秸秆生物塑料、秸秆包装材料等产品。秸秆包装材料深埋地下90天就可以完全降解。设计师通过对材料及工艺的升级，使废弃的秸秆焕发出第二次生命。这些设计也给农民带来了额外的收入。

这些设计扶贫的案例都精准地把握住了社会创新的精髓。湖南大学设计艺术学院院长季铁认为设计扶贫有三个坚持：坚持"在地"、坚持"在场"、坚持"在线"。所谓的"在地"是指因地制宜，发现每一块土地的"风景"，从人文、物语、社区等不同的角度理解地方自然、生态与文化资源，搭建乡村振兴知识平台。"在场"是指身体力行，以设计的力量驱动地域再生的内生动力，有效联结内部外部资源，形成互动赋能、融合创新的文化、产业和公共服务体系。"在线"是指民心相通，以数字化、智能化的方式创造更多共享与对话的机会，在互学互鉴的过程中构建全球化的市场与文化传播体系。

设计扶贫不是简单地到村里去做设计，而是设计师以敏锐的洞察力，以设计系统为载体，综合运用多学科知识，对现有资源进行创造性重组，激活传统资源，通过新观念和新技术的运用，搭建起新的生产消费系统，以实现生活方式构建和文化塑造，激活当地文化的内生动力，实现社会创新。

8.3.2 设计扶贫研究院专访

扶贫是一项国策。设计扶贫既要解决脱贫的问题，又要结合当地产业要素发展，从可持续发展的角度去思考。作者邀请并采访了中国工业设计协会设计扶贫研究院院长汤健先生，如视频8.7所示。

视频8.7 设计扶贫研究院专访

1. 关于设计扶贫研究院

周磊晶老师：请您介绍一下中国工业设计协会设计扶贫研究院。

汤健院长：工业设计除了传统认知上的产品造型、外观设计之外，还可以做一些系统性设计，现在我们称之为产业融合设计。比如在农业方面就可以做生态田园的设计。在这个过程中工业设计的设计范畴越来越广，设计要素的交融越来越多，设计创新需求的内生动力也越来越强。所以在设计扶贫领域，在国家精准扶贫的战略中，设计可以产生很大的推动力，可以推动纵深产业的持续创新。因此，我们在国家精准扶贫的战略背景下，成立了中国工业设计协会设计扶贫研究院。

2. 关于设计扶贫三年行动计划

周磊晶老师：请您解读一下设计扶贫三年行动计划。

汤健院长：设计扶贫最核心的是产业扶贫、产业创新驱动。设计扶贫不仅是设计师做一些品牌、产品、空间、乡村风貌的设计工作，也需要很多高校和社会组织参与进来。从产业发展来讲，我们更希望这些资源和要素能够围绕区域经济融合发展，进行可持续发展的设计。为了使更多省市进行持续扶贫，我们发布了设计扶贫三年行动计划。设计扶贫三年行动计划一方面是提升贫困地区的产品设计水平，另一方面是提升地区内生的产品整合和创新能力。最终目的是可以更好地实现区域产业生态，能够给一个地方的整个生态文明建设持续注入动力。

3. 设计扶贫背后的故事

周磊晶老师：请您分享一下设计扶贫在三年行动计划中遇到的挑战。

汤健院长：在三年行动计划里面，界定比较清晰的国家级贫困地区叫深度贫困地区。这些地方有一定的共性：第一，气候和地质条件等生态发展要素比较贫乏；第二，少数民族比较聚集；第三，交通不发达。目前，我们围绕行动计划地图，已经去了宁夏、内蒙古、云南，还去了没有通飞机和高速的云南怒江州。这些地区有生态优势、人文优势，还有一些特色产业。设计扶贫要做的就是把贫困地区的生态环境要素、产品特色要素转化成地区的优势。贫困地区有很多东西是城市生活品质提升以后特别需要的优质产品，包括独特的旅游载体和新的旅游内容，都是发达地区渴望的旅游升级。在这个升级过程中，不管是产品品质的问题、营销成本的问题，还是社会化的推广和传播的问题，内在都是设计的问题。对于传统产品不仅仅是做包装，还需要重构它的产品价值，这背后是全面的设计思维和设计资源的导入。

我们认为设计扶贫带来的不仅仅是脱贫攻坚，还给未来的产业、人文、社会、区域的产业文化经济提前注入一种新的可持续发展模式。不光是在国家级的贫困山区，在中部的部分地区同样面临着扶贫帮扶。只要存在着发展不平衡和城乡要素不能流动这样的一个二元结构，就会发生相对贫困。在这个过程当中，工业设计协会设计扶贫研究院推动了区域发展的研究和可持续生态化的模式。我们在研究设计扶贫十大模式的时候，不仅仅是为了应对比较贫穷落后的地区，其实也考虑到了城乡发展或者区域发展不平衡的地区，以及区域产业曾经发展良好但现在又落后了的地区。

4. 设计扶贫开展

周磊晶老师：请问具体的设计扶贫是如何开展的？

汤健院长：在各个省的三年行动计划当中，政府首先会列出需求清单，然后我们会进行筛选整理。在这个过程中，我们熟悉了这个地方的产业经济，再分配相关设计专业，例如旅游专业、服装专业、食品专业、建筑专业、艺术设计专业，甚至演艺专业。我们把梳理出来的内容与地方产业特色进行匹配，同步在内部协会的平台和高校联盟的平台进行定点邀约。

5. 关于社会设计

周磊晶老师：请您分享一下对社会设计的看法。

汤健院长：社会设计最重要的是顶层设计，又名战略规划。顶层设计不是说我要去把东西设计出来，而是要回到商业的本质——效率问题。我们在设计扶贫中做了很多工作，但都没有达到我们想象中的效果。我们反思认为，还是应该基于资源配置去思考整个可持续发展问题。我曾经去新疆考察当地的水果、坚果产业链，发现由于供应量太大导致了全产业链过剩问题，但其中有一家企业做得特别好。以往的产业模式是把在浙江印的包装运回新疆，产品在新疆进行烘焙加工做成成品，再送到东部，最后在当地做供应链整合。而这家企业选择在浙江临安建设加工基地，把散货的原料送到浙江加工，在就近的包材工厂做装配，然后送到上海、杭州、苏州这样的市场。这家企业成功实现了跨区域资源协调、资源联动，最终能够给市场提供一个更有效率的服务供给。实际上，所有商业的核心都是效率，此外，我们应该关注设计如何有效应用于供应链、服务链，这样能够解决很多市场问题。

讨论题

基于设计扶贫的十大模式，请您阐述对设计扶贫的个人理解。

8.4 为老龄化社会设计

在学习这节内容之前，请你思考一下你的家庭结构或者你周围人的家庭结构是什么样的。一个完整的家庭，一般会有爷爷、奶奶、外公、外婆四位老人。而你的父母在未来数年也将迈向 60 岁，未来你结婚了，将会迎来另一半的多位长辈。再过一二十年，我们身边会有很多老人。根据联合国的划分标准，当一国 60 岁及以上人口比例超过 10% 或者 65 岁及以上人口比例超过 7%，则认为该国进入"老龄化"社会。当这两个指标翻番，即 60 岁及以上人口比例超过 20% 或 65 岁及以上人口比例超过 14% 的时候，则认为该国进入"老龄"社会，或者说"中度老龄化"社会。发达国家的老龄化进程长达几十年甚至上百年，法国用了 115 年，瑞士用了 85 年，美国用了 69 年，而中国只用了 23 年，自 2000 年起就进入了老龄化社会，而且老龄化的速度还在加快。根据我国民政部发布的《2023 年民政事业发展统计公报》，截至 2023 年底，全国 60 周岁及以上老年人口 29697 万人，占总人口的 21.1%，其中 65 周岁及以上老年人口 21676 万人，占总人口的 15.4%。这标志着，我国已经正式步入"中度老龄化"社会。老龄化问题是全球社会都会面临的问题，且老龄化问题相比其他社会问题更加复杂严峻。面向老龄化社会的设计包含制度设计、服务设计、产品设计、可持续设计，是多设计交错融合的领域。

8.4.1 可持续的养老模式

最早完成工业化和城市化的欧洲国家也最早面临不可回避的老龄化问题。运作了半个世纪的荷兰养老金制度，是全球优秀的养老体系之一。在墨尔本美世全球养老金指数等级排行榜上，荷兰一直位居全球最佳养老国家前列。2009—2011年曾连续三年保持榜首地位，2015年紧跟丹麦之后排名第二。荷兰的成功，在于其开创了全球最有可持续性的养老模式。荷兰养老产业不仅为用户提供优质的医疗护理，还注重每一位用户的精神心理健康和幸福感。比如在阿姆斯特丹有个与世隔绝的"桃花源"——养老村，用完全不同于传统认知的方式，替用户的家人疼爱他们，如视频8.8所示。在这里生活的居民，都患有阿尔兹海默症。

视频8.8 荷兰养老院

面积有十个足球场这么大的养老村，看起来跟一般的村庄没有什么不同。这里拥有正常村庄该有的广场、便利商店、邮局等。然而，这个村子只有一个出口和一个入口及严谨的安保系统。这里的老人每6～7人住一间房，每间房配备1～2名护理人员。没有高墙、病房，老人们居住的地方跟一般的房屋没有差别。特别的地方是，为了配合阿尔兹海默症患者，房内的布置都按照老人们记忆中的年代去装饰。这样做是为了使老人们感觉这里是自己的家。村内的护理人员，不论全职或兼职，都会假装成村内的收银员、服务员、邮局员工等。由于患有阿尔兹海默症的病人不太容易管钱，所以村子里不会有任何货币交易，使得在这里的生活更加轻松惬意。

荷兰的养老机构目前发展出了很多创新模式。比如政府在养老机构旁边建青年公寓，以低廉的价格租给年轻人，条件是他们必须每周付出一定的时间陪伴养老院的老人。

8.4.2 康养小镇

中国是世界上老年人口最多的国家，拥有的老年人数量占世界老年人总数的五分之一。中国是如何应对日益增加的养老压力的挑战的呢？国务院发布的《"健康中国2030"规划纲要》中指出，应积极促进健康与养老、旅游、互联网、健身休闲、食品融合，催生健康新产业、新业态、新模式。

康养小镇以健康产业为核心，是将健康、养生、养老、休闲、旅游等多元化功能融为一体的特色小镇。康养小镇一般选择地理气候条件独特、旅游资源丰富的地区，如拥有长寿文化、温泉资源和医药产业资源等的地区。康养小镇的发展植入了不同的文化形态，形成了自身特色，不千篇一律。目前主要有以下几类典型的康养小镇。

（1）文化养生型，比如武当山太极湖生态文化旅游区，依托道教文化和良好的生态环境发展养生养老产业。

（2）中医药膳型，比如江苏大泗中药养生小镇，拥有产学研结合的中药科技园，配套国际康复医院。

（3）传统古镇型，比如绿城乌镇雅园，位于传统古镇乌镇，形成了居医养的特色养老体系。

（4）生态养生型，比如浙南健康小镇，背靠国家级自然保护区龙泉山，是好山好水好空气的食养药养福地。

（5）度假休闲型，比如浙江平水养生小镇，群山环绕，拥有仙人谷等旅游资源。

（6）体育文化型，比如湖南灰汤温泉小镇，发展出了温泉＋运动等健康产业。

康养产业是一片蓝海，还有巨大的设计空间等待填补。互联网企业依靠独有的智能化服务和大数据优势，正在进军康养企业。2017年，阿里巴巴启动了全国首家智能养老院——北京普乐园爱心养老院。该养老院以阿里云计算和人工智能为核心，推动各种养老场景实现智能化。基于天猫精灵，空调、电视、窗帘、灯具等设备都能简单地通过语音控制。这些智能设备大大减少了行动不便的老人们日常生活中的麻烦。养老院的房间都加装了自动感应器，能够时刻监测空气的湿度、温度和人体状况。在夜间，智能房间也能感应到老人的起床动作，自动打开灯光照明。除此之外，养老院为健康状况不稳定的老人提供即时的动态监护。护工和子女可以使用养老院装备的双向语音摄像头随时观察老人的情况。

上面举例的智能养老院涉及信息技术、医疗、健康和养老服务等多个领域。智能养老的发展方向是基于技术发展的，降低了养老成本，提升了服务效率。

8.4.3　关注老年人生活细节

中国有接近三亿的老年人，这是一个很大的消费群体。但长期以来，真正适合老年人的商品却很少。据调查，90%左右的老年人对当前的老年消费品不满意，老年人的消费额占比很小。在我们谈论最新的科技、最炫的时尚的时候，很少关注到为老年人量身定制的产品。由于身体机能衰退，老年人的活动能力和行为方式不可避免会发生变化。为老年人设计产品，第一要素是安全性。老年人的日常居住环境充满了各种隐患，如防水防滑问题、重物搬运问题、上下楼梯问题等，都亟须设计来解决。

面对浴室地滑的问题，松下公司推出了坐式淋浴器。淋浴器的喷头可以多方位对准身体，使老年人轻松淋浴。这款产品解决了老年人在淋浴时长时间站立的问题，同时可以避免浴缸泡澡的安全问题和浴后清洁问题。

针对老年人上下楼梯不便的问题，山东的一家公司推出了一款爬楼神器，如视频 8.9 所示。刷卡后，用户只需轻轻按动电钮，代步器便能载着用户上下楼。每次使用完毕后，代步器可以自动折叠收缩，几乎不占用楼道内的公共空间。

视频 8.9 爬楼神器

面对老龄化社会，设计师要以安全无障碍为宗旨，尽力满足老年人的基本生理需求和情感需求，为老年人提供更舒适的生活环境。

讨论题

请您基于亲身观察和体验，分析老年人拥有哪些特定的物质需求和精神需求。

8.5 生态设计

20 世纪 80 年代，绿色设计的思潮开始席卷设计界。绿色设计强调"3R"设计理念——减少能耗（Reduce）、再利用（Reuse）、循环使用（Recycle）。然而，绿色设计只是在一定程度上减少了危害。面对消费主义的迅猛增长，绿色设计无法真正解决产品所造成的环境问题。后来，生态设计成为设计潮流。生态设计在产品生命周期内优先考虑产品的环境属性，考虑产品的回收与处理，以及产品的经济性。生态设计也被称为产品生命周期设计。它关注产品设计的全过程，在设计阶段就考虑产品的每一个环节对环境的影响，通过改进设计把产品的环境影响降低到最小。

8.5.1 材料再设计

生态设计的一个重要理念是在产品设计中选择对环境友好的材料。日本著名建筑师隈研吾（Kengo Kuma）[1] 一直秉持着"与自然对话，保持对自然的慈爱"的设计理念。竹子是世界上生长最快的植物，因而非常环保。隈研吾在了解了竹子有耐久度不够的问题后，提出将混凝土注入竹子，解决了竹子易裂的问题。他在北京长城脚下设计的竹屋，顺应山中高低起伏的地势，像音符般跳跃在山谷间。

减少材料的使用及材料循环再利用是典型的生态设计思路。东京奥运会火炬就是材料再设计的优秀作品。火炬取材于 2011 年日本地震和海啸后创建的临时住房中使用的再生金属。奥运会奖牌使用的也是再生金属，制作这些奖牌的原材料金、银、铜等金属，都提取自废弃的

---

[1] 隈研吾：日本著名建筑师，曾获国际石造建筑奖、自然木造建筑精神奖等。

电子产品中，如视频 8.10 所示。

印度的重力实验室（Gravity Labs）专注研究尾气回收再利用技术，设计了一款汽车尾气过滤器。设计团队将产品加装到汽车排气管上，收集汽车尾气中的粉尘，然后将粉尘提纯取得含碳量比较高的原料。得到的原料可以用来制作墨水，如视频 8.11 所示。这种新型墨水在使用体验上与普通的墨水并无区别。设计团队将这种墨水用于各种产品，比如马克笔，45 分钟的汽车尾气生产的墨水可以满足一支黑色马克笔的用量。

无独有偶，荷兰设计师罗斯·加德（Daan Roosegaarde）设计了一个超大的空气净化塔，用来收集空气中的灰尘。灰尘中 40% 的含量是碳，罗斯·加德将灰尘中的碳压缩成黑色钻石，如视频 8.12 所示，做成了戒指。制作一枚戒指相当于为城市净化了 1000m³ 的空气。

视频 8.10 东京奥运会奖牌

视频 8.11 尾气墨水

视频 8.12 灰尘钻石

提到材料再设计，离不开垃圾回收和处理，这是材料能够再利用的前提条件。中国的生活垃圾分类工作已经由点到面逐步展开，46 个重点城市已基本建成垃圾分类处理系统。而发达国家已经坚持垃圾分类很多年了，有一些好的案例可以参考借鉴。德国早在 1904 年就开始实施城市垃圾分类收集，是世界上最早实行垃圾分类的国家之一，如图 8.3 所示。德国目前有关于环保的法律和法规达 8000 多部，是世界上拥有最完备、最详细的环境保护体系的国家。德国还设立了环境警察，用于监督民众垃圾分类。一旦发现居民乱倒垃圾，环境警察就会发去警告信。

图 8.3 德国垃圾分类

瑞典将垃圾分类纳入了国民教育大纲。孩子从幼儿园开始就要学习相关知识，参观垃圾

—159—

回收的过程，再回家向成人普及理念，如图8.4所示。儿童和成人互相监督、共同成长，在这个过程中逐渐形成行为准则。为了引导人们垃圾分类，瑞典还特地重新设计了垃圾桶。投放不同垃圾的垃圾桶上分别标示了不同的色彩和投掷口，比如扔瓶罐的投掷口是圆孔状的，扔硬纸板的投掷口是信封状的。瑞典还设立了著名的"押金回收制度"。消费者购买一瓶矿泉水，所支付的费用里面包含了瓶子的押金。空瓶回收之后，消费者就可以拿回押金。这样的方式使瑞典的空瓶回收率高达93%。

图8.4 瑞典垃圾分类

同时，瑞典先进的城市垃圾处理系统像地铁一样高效。垃圾桶通过地下管道与垃圾收集中心相连。居民分类投掷垃圾到垃圾桶，垃圾桶蓄满之后会被自动送往中央收集站，全程数字化控制，如图8.5所示。中央收集站的垃圾收满之后，就会被送往相应的垃圾处理工厂。其中，厨余垃圾被转化成沼气，为汽车和公交车提供能源，剩余的渣滓用来堆肥。除去能回收的垃圾，不可回收的垃圾就用来焚烧发电。瑞典不仅解决了自身的垃圾问题，还靠垃圾走上了致富的道路。由于循环利用太发达，导致垃圾紧缺，瑞典每年要向周边国家进口几十万吨垃圾，用于冬季供暖。

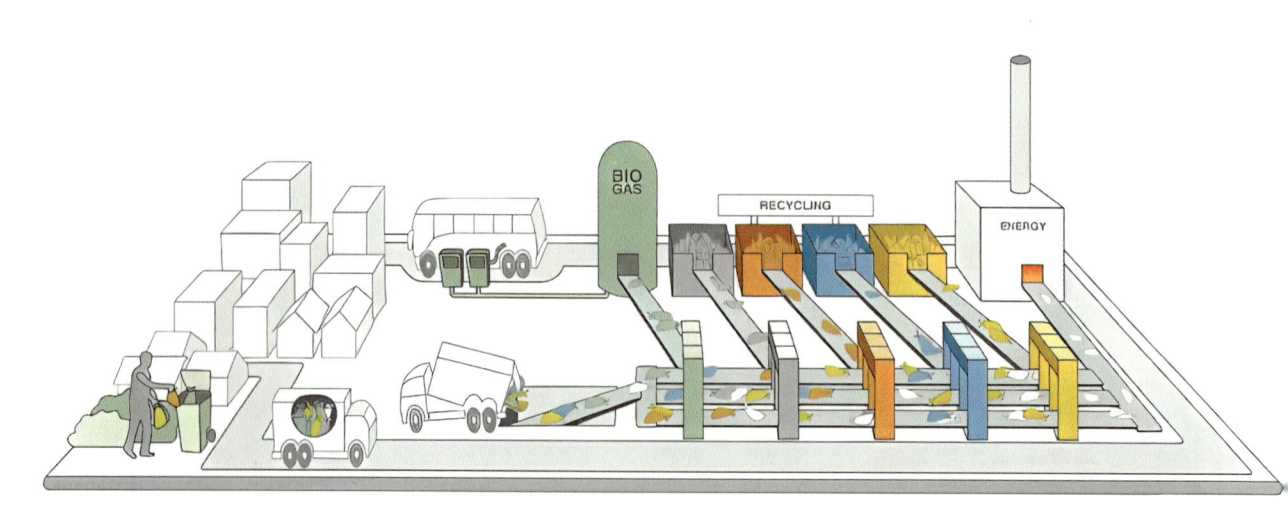

图8.5 瑞典城市垃圾处理系统

8.5.2 生命周期评价

生态设计涉及的方面较广，周期较长。那么，具体有什么方法可以帮助设计师做好生态设计呢？生命周期评价是生态设计的重要方法，指的是从产品或服务的生命周期全过程来评价其对环境的影响，通过系统的方法、量化的指标来指导和规范设计过程。生命周期评价方法有时也被称为生命周期分析、摇篮到坟墓、生态衡算等。生命周期评价主要有四个步骤：定义目标与确定范围，清单分析，影响评价，改善评价。它们之间的关系如图8.6所示。

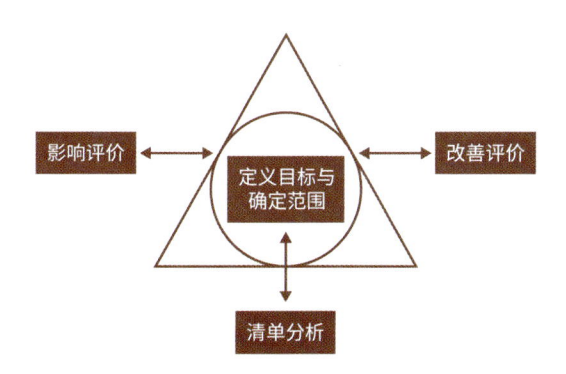

图 8.6　生命周期评价步骤间的相互关系

定义目标与确定范围是为了保证研究的广度和深度能够满足预定的目标。由于生命周期评价是一个反复迭代的过程，所以预先界定的范围也可能会被修正。清单分析是量化分析产品在整个生命周期阶段的资源消耗、能源消耗和向环境的排放。影响评价是对清单上的数据进行定性定量排序的一个过程。通常会将这些环境影响分为三类：资源消耗、生态影响和人类健康影响。通过分析不同的因素，进行取舍，从而改善评价，最终实现生态设计。

使用生命周期评价需要全面考虑产品生产、销售、使用、回收的全过程，对当地实际的环境状况综合评估，在权衡利弊后选择最优方案。美国一个州曾经围绕是否允许使用一次性尿布的问题展开了一场辩论。当时的公众认为，一次性尿布浪费资源，加重了垃圾填埋场的压力，于是议会颁布了禁止使用一次性尿布的法令。法案通过后，当地的居民开始大量使用可清洗的尿布，结果导致清洗尿布的用水量大增。生命周期评价表明，这个州是美国十分干旱的州，荒地幅员辽阔，用水稀缺，而垃圾填埋场却不存在压力。于是该州重新审议了法案，恢复使用一次性尿布。

生态设计体现了一种新的自然观和价值观。它不仅关注人的价值，而且关注自然界和其他生命的价值，以"人与自然的和谐发展"为设计出发点，用"以自然为中心"取代"以人为中心"。

8.5.3 生态设计小镇专访

广州的生态设计小镇不同于中国大部分农村，其乡村农居的建筑风格古朴雅致，村内道路和公共空间具有设计感。应放天教授是该生态设计小镇的总设计师，我们采访了他，如视频8.13所示。

视频8.13 生态设计小镇专访

周磊晶老师：作为生态设计小镇的发起人，请分享一下您对生态设计的理解。

应放天教授：2016年，中国和瑞士联合签署了中瑞低碳城市产业合作项目。也就是说，生态可持续发展是全球的目标，是一个共识。所以生态设计小镇从策划开始时就不仅要考虑中国的事情，还要考虑如何跟全球一起分享、共享我们的生态经验。美丽乡村绝对不是把图纸模板化，把房子修好，而是要把美丽乡村和美丽产业同步发展起来。那么美丽产业是什么？它其实就是生态可持续的产业。美丽产业一定是文化的、创意的、设计的、智能的，低碳是一个基准门槛。

所以，要守望美丽乡村，同时要去挖掘和培育美丽产业，要聚焦文化、创意、设计和智能。这样的话，美丽乡村建设才能够和美丽产业协同，才能够有效地实现绿水青山。

生态设计小镇的重点有以下几点。第一，要做一个品牌，要构建一个生态。我们说的这个生态，不仅仅是环境生态，我们强调的是人文生态，要加强美丽乡村的建设，落实乡村振兴。它不是农村振兴，不是搞个农家乐，而是要推动城乡融合。说简单一点就是把城里的优秀人才、技术、资本、经验和在地资源，与乡村的一草一木及朴实的乡约、村民，有效地结合在一起。第二，良好的创业生态。第三，良好的环境生态。对于生态设计小镇，生态的概念指人文生态、环境生态和创业生态。但是要使人文生态和环境生态变得更加持续，创业生态是至关重要的。

如果品牌不高举，别人就不知道这个地方，人才也不会往这里来，资本也不会往这里来，产业也不会往这里来。为此我们获得了联合国工业发展组织、工业和信息化部、广东省政府的支持，策划了首届世界生态设计大会。它本质上是跟全球一起来分享探讨生态事业的可持续发展。在短短的半年时间里，我们就创办了首届世界生态设计大会，反响非常好。

大会于2018年12月14号召开，15号我们就得到了全球969家主流媒体的报道。所以它形成了非常好的品牌效应。

要构建一个创新创业、薪火相承、行稳致远的人文生态，很重要的部分是人，因此我们要汇聚一批人。除了引进人才，更重要的是培养，比如我们创立了全国第一个湾区设计开放大学，重点培养硕士和博士。这是一个非传统意义上的大学，它是一些名牌大学的创新创业联盟。在这里要实现"三跨"：第一是跨学科，第二跨文化，第三是跨领域。

当然还要汇集全球的顶级精英，包括建院士工作站，引进一批设计、创新、人工智能领域的顶级人才。我们在联合国的支持下成立了国际生态设计中心。这个中心的任务之一，就是致力于为一带一路国家培养优秀的政府官员和业界人士。生态设计小镇、院士工作站、开放大学，这些无形当中以创新的手段，快速汇聚了一批领军人才。

我们通过这样的人才、技术和品牌的优势，快速汇聚社会的资本力量。会议中心、产业、校区、研究院、设计村、数字艺术村等一些机构就能快速落地。

所以品牌、人、财，我们以这样的内部生态打造了一个生态设计小镇。可以说这是一个非常标准的社会设计。

讨论题

请找一找身边符合生态设计的例子，并且分析它整合了哪些社会资源，达到了什么目标。

小结

在一个个巨大社会的问题下，需要设计师切割出最核心、最关键的症结，用最精确的切入点去解决问题。土地环境的恶化、社会的贫穷、妇女的不平等地位、老人缺乏关照，都不是一个设计师独自能解决的问题。但设计师有一个重要技能可以应用于社会创新，那就是可以使解决方案更贴近人和环境，更具有同理心。